计算机基础与实训教材系列

中文版Photoshop CC图像处理实用教程

张蔚　马培培　胡晓芳　编著

清华大学出版社

北　京

内容简介

本书由浅入深、循序渐进地介绍了 Adobe 公司经典图像编辑处理软件 Photoshop CC 的操作方法和使用技巧。全书共分 13 章，分别介绍了 Photoshop CC 基础知识、图像的基础编辑操作、选区的创建与编辑、修饰与美化工具的应用、色彩的选择与填充、图层的基础应用、调整色调与色彩、绘画工具的应用、图层的高级应用、路径和形状工具的应用、文字的应用、通道与蒙版的应用、滤镜的应用等内容。

本书内容丰富，结构清晰，语言简练，图文并茂，具有很强的实用性和可操作性，是一本适合于高等院校、职业学校及各类社会培训学校的优秀教材，也是广大初、中级电脑用户的自学参考书。

本书对应的电子教案、实例源文件和习题答案可以到 http://www.tupwk.com.cn/edu 网站下载。

图书在版编目(CIP)数据

中文版 Photoshop CC 图像处理实用教程 / 张蔚，马培培，胡晓芳 编著. —北京：清华大学出版社，2015

（2019.8 重印）

（计算机基础与实训教材系列）

ISBN　978-7-302-39884-4

Ⅰ. ①中… Ⅱ. ①张… ②马… ③胡… Ⅲ. ①图象处理软件—教材　Ⅳ. ①TP391.41

中国版本图书馆 CIP 数据核字(2015)第 080689 号

责任编辑：胡辰浩　袁建华
装帧设计：牛艳敏
责任校对：成凤进
责任印制：刘祎淼

出版发行：清华大学出版社
　　　　　网　　　址：http://www.tup.com.cn, http://www.wqbook.com
　　　　　地　　　址：北京清华大学学研大厦 A 座　　　　邮　　编：100084
　　　　　社 总 机：010-62770175　　　　　　　　　　邮　　购：010-62786544
　　　　　投稿与读者服务：010-62776969，c-service@tup.tsinghua.edu.cn
　　　　　质 量 反 馈：010-62772015，zhiliang@tup.tsinghua.edu.cn
　　　　　课 件 下 载：http://www.tup.com.cn, 010-62794504
印 装 者：北京国马印刷厂
经　　销：全国新华书店
开　　本：190mm×260mm　　　　　印　　张：19.25　　　字　　数：505 千字
版　　次：2015 年 5 月第 1 版　　　印　　次：2019 年 8 月第 4 次印刷
定　　价：59.00 元

产品编号：056476-02

编审委员会

丛 书 序

　　计算机已经广泛应用于现代社会的各个领域，熟练使用计算机已经成为人们必备的技能之一。因此，如何快速地掌握计算机知识和使用技术，并应用于现实生活和实际工作中，已成为新世纪人才迫切需要解决的问题。

　　为适应这种需求，各类高等院校、高职高专、中职中专、培训学校都开设了计算机专业的课程，同时也将非计算机专业学生的计算机知识和技能教育纳入教学计划，并陆续出台了相应的教学大纲。基于以上因素，清华大学出版社组织一线教学精英编写了这套"计算机基础与实训教材系列"丛书，以满足大中专院校、职业院校及各类社会培训学校的教学需要。

一、丛书书目

　　本套教材涵盖了计算机各个应用领域，包括计算机硬件知识、操作系统、数据库、编程语言、文字录入和排版、办公软件、计算机网络、图形图像、三维动画、网页制作以及多媒体制作等。众多的图书品种可以满足各类院校相关课程设置的需要。

　　⊙　已出版的图书书目

《计算机基础实用教程(第二版)》	《中文版 Office 2007 实用教程》
《计算机基础实用教程（Windows 7+Office 2010 版)》	《中文版 Word 2007 文档处理实用教程》
《电脑入门实用教程(第二版)》	《中文版 Excel 2007 电子表格实用教程》
《电脑入门实用教程(Windows 7+Office 2010)》	《Excel 财务会计实战应用（第二版）》
《电脑办公自动化实用教程（第二版）》	《中文版 PowerPoint 2007 幻灯片制作实用教程》
《计算机组装与维护实用教程（第二版）》	《中文版 Access 2007 数据库应用实例教程》
《中文版 Word 2003 文档处理实用教程》	《中文版 Project 2007 实用教程》
《中文版 PowerPoint 2003 幻灯片制作实用教程》	《中文版 Office 2010 实用教程》
《中文版 Excel 2003 电子表格实用教程》	《中文版 Word 2010 文档处理实用教程》
《中文版 Access 2003 数据库应用实用教程》	《中文版 Excel 2010 电子表格实用教程》
《中文版 Project 2003 实用教程》	《中文版 PowerPoint 2010 幻灯片制作实用教程》
《中文版 Office 2003 实用教程》	《Access 2010 数据库应用基础教程》
《中文版 Word 2010 文档处理实用教程》	《中文版 Access 2010 数据库应用实例教程》
《中文版 Excel 2010 电子表格实用教程》	《中文版 Project 2010 实用教程》
《计算机网络技术实用教程》	《Word+Excel+PowerPoint 2010 实用教程》
《中文版 AutoCAD 2012 实用教程》	《中文版 AutoCAD 2013 实用教程》

《AutoCAD 2014 中文版基础教程》	《中文版 AutoCAD 2014 实用教程》
《中文版 Photoshop CS5 图像处理实用教程》	《中文版 Photoshop CS6 图像处理实用教程》
《中文版 Dreamweaver CS5 网页制作实用教程》	《中文版 Dreamweaver CS6 网页制作实用教程》
《中文版 Flash CS5 动画制作实用教程》	《中文版 Flash CS6 动画制作实用教程》
《中文版 Illustrator CS5 平面设计实用教程》	《中文版 Illustrator CS6 平面设计实用教程》
《中文版 InDesign CS5 实用教程》	《中文版 InDesign CS6 实用教程》
《中文版 CorelDRAW X5 平面设计实用教程》	《中文版 CorelDRAW X6 平面设计实用教程》
《网页设计与制作(Dreamweaver+Flash+Photoshop)》	《Mastercam X5 实用教程》
《ASP.NET 4.0 动态网站开发实用教程》	《Mastercam X6 实用教程》
《ASP.NET 4.5 动态网站开发实用教程》	《多媒体技术及应用》
《Java 程序设计实用教程》	《中文版 Premiere Pro CS5 多媒体制作实用教程》
《C # 程序设计实用教程》	《中文版 Premiere Pro CS6 多媒体制作实用教程 》
《SQL Server 2008 数据库应用实用教程》	《Windows 8 实用教程》
《Excel 财务会计实战应用（第三版）》	

二、丛书特色

1. 选题新颖，策划周全——为计算机教学量身打造

本套丛书注重理论知识与实践操作的紧密结合，同时突出上机操作环节。丛书作者均为各大院校的教学专家和业界精英，他们熟悉教学内容的编排，深谙学生的需求和接受能力，并将这种教学理念充分融入本套教材的编写中。

本套丛书全面贯彻"理论→实例→上机→习题"4 阶段教学模式，在内容选择、结构安排上更加符合读者的认知习惯，从而达到老师易教、学生易学的目的。

2. 教学结构科学合理，循序渐进——完全掌握"教学"与"自学"两种模式

本套丛书完全以大中专院校、职业院校及各类社会培训学校的教学需要为出发点，紧密结合学科的教学特点，由浅入深地安排章节内容，循序渐进地完成各种复杂知识的讲解，使学生能够一学就会、即学即用。

对教师而言，本套丛书根据实际教学情况安排好课时，提前组织好课前备课内容，使课堂教学过程更加条理化，同时方便学生学习，让学生在学习完后有例可学、有题可练；对自学者而言，可以按照本书的章节安排逐步学习。

3. 内容丰富、学习目标明确——全面提升"知识"与"能力"

本套丛书内容丰富，信息量大，章节结构完全按照教学大纲的要求来安排，并细化了每一章内容，符合教学需要和计算机用户的学习习惯。在每章的开始，列出了学习目标和本章重点，便于教师和学生提纲挈领地掌握本章知识点，每章的最后还附带有上机练习和习题两部分内容，教师可以参照上机练习，实时指导学生进行上机操作，使学生及时巩固所学的知识。自学者也可以按照上机练习内容进行自我训练，快速掌握相关知识。

4. 实例精彩实用，讲解细致透彻——全方位解决实际遇到的问题

本套丛书精心安排了大量实例讲解，每个实例解决一个问题或是介绍一项技巧，以便读者在最短的时间内掌握计算机应用的操作方法，从而能够顺利解决实践工作中的问题。

范例讲解语言通俗易懂，通过添加大量的"提示"和"知识点"的方式突出重要知识点，以便加深读者对关键技术和理论知识的印象，使读者轻松领悟每一个范例的精髓所在，提高读者的思考能力和分析能力，同时也加强了读者的综合应用能力。

5. 版式简洁大方，排版紧凑，标注清晰明确——打造一个轻松阅读的环境

本套丛书的版式简洁、大方，合理安排图与文字的占用空间，对于标题、正文、提示和知识点等都设计了醒目的字体符号，读者阅读起来会感到轻松愉快。

三、读者定位

本丛书为所有从事计算机教学的老师和自学人员而编写，是一套适合于大中专院校、职业院校及各类社会培训学校的优秀教材，也可作为计算机初、中级用户和计算机爱好者学习计算机知识的自学参考书。

四、周到体贴的售后服务

为了方便教学，本套丛书提供精心制作的 PowerPoint 教学课件(即电子教案)、素材、源文件、习题答案等相关内容，可在网站上免费下载，也可发送电子邮件至 huchenhao@263.com 索取。

此外，如果读者在使用本系列图书的过程中遇到疑惑或困难，可以在丛书支持网站(http://www.tupwk.com.cn/edu)的互动论坛上留言，本丛书的作者或技术编辑会及时提供相应的技术支持。咨询电话：010-62796045。

中文版 Photoshop CC 是 Adobe 公司最著名的图像处理软件之一，集图像扫描、编辑修改、图像合成创意制作、图像输入与输出于一体，深受广大平面设计人员和计算机美术爱好者的喜爱。

　　本书从教学实际需求出发，合理安排知识结构，从零开始、由浅入深、循序渐进地讲解 Photoshop CC 的基本知识和使用方法，本书共分为 13 章，主要内容如下。

　　第 1 章介绍了 Photoshop CC 工作区设置以及常用命令、辅助工具的设置使用。

　　第 2 章介绍了文件处理的基本操作方法以及图像的查看等常用操作方法和技巧。

　　第 3 章介绍了 Photoshop CC 中选区的创建、编辑的操作方法与技巧。

　　第 4 章介绍了 Photoshop CC 中修饰、美化图像工具的操作方法与技巧。

　　第 5 章介绍了 Photoshop CC 中颜色的选取和填充方法。

　　第 6 章介绍了 Photoshop CC 中图层的创建和基础编辑操作方法。

　　第 7 章介绍了 Photoshop CC 中各种图像色彩、色调调整命令的操作方法及技巧。

　　第 8 章介绍了 Photoshop CC 中绘画工具的应用与设置。

　　第 9 章介绍了 Photoshop CC 中图层混合模式和样式的编辑、应用。

　　第 10 章介绍了 Photoshop CC 中各种路径和形状工具的使用，以及路径的创建与编辑操作技巧和路径面板的运用。

　　第 11 章介绍了在图像文件中文字的输入与编辑、变形的操作方法。

　　第 12 章介绍了在图像文件编辑操作中，通道与蒙版操作的运用方法及技巧。

　　第 13 章介绍了 Photoshop CC 中各种滤镜的使用方法和技巧。

　　本书图文并茂、条理清晰、通俗易懂、内容丰富，在讲解每个知识点时都配有相应的实例，方便读者上机实践。同时在难于理解和掌握的内容上给出相关提示，让读者能够快速地提高操作技能。此外，本书配有大量综合实例和练习，让读者在不断的实际操作中牢固地掌握书中讲解的内容。

　　本书全文分为 13 章，编撰分工如下：郑州成功财经学院的张蔚负责第 1、2、3、4、13 章的撰写和统稿工作，郑州成功财经学院的马培培负责第 5、6、7、8 章的撰写和部分图表的制作，郑州成功财经学院的胡晓芳负责第 9、10、11、12 章的撰写。另外，参加本书编写的人员还有陈笑、曹小震、高娟妮、李亮辉、洪妍、孔祥亮、陈跃华、杜思明、熊晓磊、曹汉鸣、陶晓云、王通、方峻、李小凤、曹晓松、蒋晓冬、邱培强等人。由于作者水平所限，本书难免有不足之处，欢迎广大读者批评指正。我们的邮箱是 huchenhao@263.net，电话是 010-62796045。

　　本书对应的电子教案、实例源文件和习题答案可以到 http://www.tupwk.com.cn/edu 网站下载。

作　者

2015 年 2 月

推荐课时安排

章 名	重点掌握内容	教学课时
第 1 章 Photoshop CC 基础知识	1. Photoshop 的图像概念 2. Photoshop CC 的工作区 3. 常用命令设置 4. 图像编辑的辅助工具	3 学时
第 2 章 图像的基础编辑	1. 图像文件的基本操作 2. 查看图像 3. 设置图像和画布大小 4. 还原与重做操作	3 学时
第 3 章 创建与编辑选区	1. 选区的选择 2. 调整选区 3. 编辑选区内图像	3 学时
第 4 章 修饰与美化工具的应用	1. 图像的裁剪 2. 图像的变换 3. 修复工具 4. 润饰工具	3 学时
第 5 章 选择与填充色彩	1. 选择颜色 2. 图案的创建 3. 填充颜色	2 学时
第 6 章 图层的基础应用	1. 使用【图层】面板 2. 图层的基本操作 3. 排列与分布图层 4. 管理图层 5. 图层复合	4 学时
第 7 章 调整色调与色彩	1. 快速调整图像 2. 调整图像曝光 3. 调整图像色彩	4 学时
第 8 章 绘画工具的应用	1. 绘图工具 2. 【画笔】面板 3. 自定义画笔 4. 橡皮擦工具	3 学时

章　名	重点掌握内容	教学课时
第9章　图层的高级应用	1. 图层的混合设置 2. 图层样式的运用 3. 使用【样式】面板 4. 智能对象图层	3 学时
第10章　路径和形状工具的应用	1. 使用形状工具 2. 创建自由路径 3. 编辑路径 4. 路径基本操作 5. 编辑路径 6. 使用【路径】面板管理路径	3 学时
第11章　文字工具的应用	1. 认识文字工具 2. 创建不同形式的文字 3. 设置文本对象 4. 转换文字图层	3 学时
第12章　通道与蒙版的应用	1. 【通道】面板 2. 通道基础操作 3. 通道高级操作 4. 图层蒙版 5. 剪贴蒙版	3 学时
第13章　滤镜的应用	1. 初识滤镜 2. 特殊滤镜 3. 【滤镜库】命令 4. 【模糊】滤镜组 5. 【扭曲】滤镜组 6. 【锐化】滤镜组 7. 【像素化】滤镜组	4 学时

注：1. 教学课时安排仅供参考，授课教师可根据情况作调整。

　　2. 建议每章安排与教学课时相同时间的上机练习。

计算机 基础与实训教材系列

目 录

第1章　Photoshop CC 基础知识 ………… 1
1.1　Photoshop 的图像概念 ………… 1
　　1.1.1　位图和矢量图 ………… 1
　　1.1.2　像素和分辨率 ………… 2
　　1.1.3　图像格式 ………… 3
　　1.1.4　图像颜色模式 ………… 4
1.2　Photoshop CC 的工作区 ………… 5
　　1.2.1　菜单栏 ………… 6
　　1.2.2　工具箱 ………… 6
　　1.2.3　工具属性栏 ………… 7
　　1.2.4　面板 ………… 7
　　1.2.5　文档窗口 ………… 9
　　1.2.6　状态栏 ………… 10
　　1.2.7　自定义工作区 ………… 11
1.3　常用命令设置 ………… 12
　　1.3.1　快捷键设置 ………… 12
　　1.3.2　菜单设置 ………… 13
　　1.3.3　恢复初始设置 ………… 15
1.4　图像编辑的辅助工具 ………… 15
　　1.4.1　设置标尺 ………… 15
　　1.4.2　设置参考线 ………… 16
　　1.4.3　设置网格 ………… 17
　　1.4.4　使用【标尺】工具 ………… 17
1.5　上机练习 ………… 19
1.6　习题 ………… 20

第2章　图像的基础编辑 ………… 21
2.1　图像文件的基本操作 ………… 21
　　2.1.1　新建图像文件 ………… 21
　　2.1.2　打开图像文件 ………… 23
　　2.1.3　保存图像文件 ………… 25
　　2.1.4　导入与导出图像 ………… 27
　　2.1.5　关闭图像文件 ………… 28
2.2　查看图像 ………… 28

2.2.1　通过【导航器】缩放图像 …… 29
2.2.2　通过【缩放】工具缩放图像 … 30
2.2.3　【抓手】工具 ………… 31
2.2.4　【旋转视图】工具 ………… 31
2.2.5　切换屏幕模式 ………… 32
2.2.6　图像的排列方式 ………… 33
2.3　设置图像和画布大小 ………… 34
　　2.3.1　查看和设置图像大小 ………… 34
　　2.3.2　设置画布大小 ………… 35
2.4　还原与重做操作 ………… 36
　　2.4.1　通过菜单命令操作 ………… 36
　　2.4.2　通过【历史记录】面板操作 … 36
　　2.4.3　通过组合键操作 ………… 39
2.5　上机练习 ………… 39
2.6　习题 ………… 40

第3章　创建与编辑选区 ………… 41
3.1　选区的选择 ………… 41
　　3.1.1　选区选项栏 ………… 41
　　3.1.2　选框工具 ………… 42
　　3.1.3　【套索】工具 ………… 43
　　3.1.4　【多边形套索】工具 ………… 43
　　3.1.5　【磁性套索】工具 ………… 44
　　3.1.6　【魔棒】工具 ………… 45
　　3.1.7　【快速选择】工具 ………… 46
　　3.1.8　【色彩范围】命令 ………… 47
　　3.1.9　选区基本命令 ………… 49
3.2　调整选区 ………… 50
　　3.2.1　移动图像选区 ………… 50
　　3.2.2　增加选区边界 ………… 50
　　3.2.3　扩展和收缩图像选区 ………… 51
　　3.2.4　平滑选区 ………… 52
　　3.2.5　羽化选区 ………… 52
　　3.2.6　扩大选取和选取相似 ………… 52

3.2.7 调整选区边缘 ················· 53

3.3 编辑选区内图像 ················· 54

3.3.1 剪切、复制、粘贴图像 ····· 54

3.3.2 描边图像选区 ··············· 55

3.3.3 变换图像选区 ··············· 56

3.3.4 保存和载入图像选区 ······· 58

3.4 上机练习 ·························· 59

3.5 习题 ······························· 60

第 4 章 修饰与美化工具的应用 ······· 61

4.1 图像的裁剪 ····················· 61

4.1.1 【裁剪】工具 ··············· 61

4.1.2 【裁剪】和【裁切】命令的
使用 ······················· 63

4.1.3 【透视裁剪】工具 ··········· 64

4.2 图像的变换 ····················· 65

4.2.1 设定变换的参考点 ··········· 65

4.2.2 变换操作 ···················· 65

4.2.3 变形 ·························· 67

4.2.4 自由变换 ···················· 68

4.3 修复工具 ························ 68

4.3.1 【污点修复画笔】工具 ······ 69

4.3.2 【修复画笔】工具 ··········· 69

4.3.3 【修补】工具 ··············· 70

4.4 图章工具 ························ 71

4.4.1 【仿制图章】工具 ··········· 72

4.4.2 【图案图章】工具 ··········· 73

4.5 润饰工具 ························ 74

4.5.1 【模糊】和【锐化】工具 ···· 74

4.5.2 【涂抹】工具 ··············· 76

4.5.3 【减淡】和【加深】工具 ···· 76

4.5.4 【海绵】工具 ··············· 78

4.6 上机练习 ························ 79

4.7 习题 ···························· 80

第 5 章 选择与填充色彩 ·············· 81

5.1 选择颜色 ························ 81

5.1.1 认识前景色与背景色 ········· 81

5.1.2 【颜色】面板 ··············· 82

5.1.3 【色板】面板 ··············· 83

5.1.4 吸管工具组 ················· 84

5.1.5 自定义颜色 ················· 85

5.2 图案的创建 ····················· 87

5.3 填充颜色 ························ 88

5.3.1 使用【填充】命令 ··········· 88

5.3.2 使用【油漆桶】工具 ········· 88

5.3.3 使用【渐变】工具 ··········· 89

5.4 上机练习 ························ 94

5.5 习题 ···························· 96

第 6 章 图层的基础应用 ·············· 97

6.1 使用【图层】面板 ··············· 97

6.2 图层的基本操作 ················· 98

6.2.1 创建图层 ···················· 99

6.2.2 复制图层 ··················· 102

6.2.3 删除图层 ··················· 102

6.2.4 选择、取消选择图层 ········ 103

6.2.5 隐藏与显示图层 ············ 104

6.2.6 修改图层名称和颜色 ········ 104

6.2.7 锁定图层 ··················· 105

6.2.8 链接图层 ··················· 105

6.2.9 重新排列图层的顺序 ········ 106

6.3 对齐与分布图层 ················ 107

6.3.1 对齐图层 ··················· 107

6.3.2 自动对齐图层 ··············· 107

6.3.3 分布图层 ··················· 108

6.4 管理图层 ······················ 110

6.4.1 图层过滤 ··················· 110

6.4.2 使用图层组 ················· 111

6.4.3 合并与盖印图层 ············ 113

6.5 图层复合 ······················ 113

6.5.1 【图层复合】面板 ··········· 113

6.5.2 创建图层复合 ··············· 114

6.5.3 更改与更新图层复合 ········ 115

6.6 上机练习 ······················ 116

6.7 习题 ························ 118

第7章 调整色调与色彩 ········· 119
7.1 快速调整图像 ············· 119
7.1.1 自动调整命令 ········· 119
7.1.2 对图像快速去色 ······· 120
7.1.3 创建反相效果 ········· 120
7.1.4 应用【色调均化】命令 ··· 121
7.1.5 应用【阈值】命令 ······ 121
7.1.6 应用【色调分离】命令 ·· 122
7.2 调整图像曝光 ············· 122
7.2.1 【亮度/对比度】命令 ···· 122
7.2.2 【色阶】命令 ··········· 123
7.2.3 【曲线】命令 ··········· 124
7.2.4 【曝光度】命令 ········· 125
7.2.5 【阴影/高光】命令 ······ 126
7.3 调整图像色彩 ············· 127
7.3.1 【色相/饱和度】命令 ···· 127
7.3.2 【色彩平衡】命令 ······· 128
7.3.3 【匹配颜色】命令 ······· 129
7.3.4 【替换颜色】命令 ······· 130
7.3.5 【可选颜色】命令 ······· 131
7.3.6 【通道混合器】命令 ····· 132
7.3.7 【照片滤镜】命令 ······· 134
7.3.8 【渐变映射】命令 ······· 134
7.3.9 【黑白】命令 ··········· 135
7.3.10 【变化】命令 ·········· 137
7.4 上机练习 ················· 139
7.5 习题 ····················· 142

第8章 绘画工具的应用 ········· 143
8.1 绘图工具 ················· 143
8.1.1 【画笔】工具 ··········· 143
8.1.2 【铅笔】工具 ··········· 145
8.1.3 【颜色替换】工具 ······· 145
8.1.4 【混合器画笔】工具 ····· 147
8.2 【画笔】面板 ············· 147

8.3 自定义画笔 ··············· 150
8.4 橡皮擦工具 ··············· 151
8.4.1 【橡皮擦】工具 ········· 151
8.4.2 【背景橡皮擦】工具 ····· 152
8.4.3 【魔术橡皮擦】工具 ····· 153
8.5 上机练习 ················· 154
8.6 习题 ····················· 156

第9章 图层的高级应用 ········· 157
9.1 图层的混合设置 ··········· 157
9.1.1 混合模式应用 ········· 157
9.1.2 不透明度应用 ········· 161
9.2 图层样式的运用 ··········· 161
9.2.1 应用图层样式 ········· 161
9.2.2 拷贝、粘贴图层样式 ··· 163
9.2.3 缩放图层样式 ········· 165
9.2.4 使用全局光 ··········· 165
9.2.5 使用等高线 ··········· 165
9.2.6 清除图层样式 ········· 166
9.2.7 栅格化图层样式 ······· 166
9.3 使用【样式】面板 ········· 167
9.3.1 认识【样式】面板 ······ 167
9.3.2 创建、删除样式 ······· 167
9.3.3 存储、载入样式库 ····· 170
9.4 智能对象图层 ············· 171
9.4.1 创建智能对象 ········· 171
9.4.2 编辑智能对象 ········· 172
9.4.3 替换对象内容 ········· 174
9.5 上机练习 ················· 174
9.6 习题 ····················· 176

第10章 路径和形状工具的应用 ··· 177
10.1 了解路径与绘图 ········· 177
10.1.1 绘图模式 ············ 177
10.1.2 认识路径与锚点 ······ 179
10.2 使用形状工具 ··········· 180
10.2.1 绘制基本形状 ········ 180

计算机基础与实训教材系列

10.2.2 自定义形状 ……………… 182

10.3 创建自由路径 ………………… 184

10.3.1 使用【钢笔】工具 ……… 184

10.3.2 使用【自由钢笔】工具 … 186

10.4 路径基本操作 ………………… 186

10.4.1 添加或删除锚点 ………… 186

10.4.2 改变锚点类型 …………… 187

10.4.3 路径选择工具 …………… 187

10.5 编辑路径 ……………………… 188

10.5.1 路径的运算 ……………… 188

10.5.2 变换路径 ………………… 189

10.5.3 将路径转换为选区 ……… 191

10.5.4 描边路径 ………………… 192

10.5.5 填充路径 ………………… 193

10.6 使用【路径】面板管理路径 ·· 193

10.6.1 认识【路径】面板 ……… 194

10.6.2 存储工作路径 …………… 194

10.6.3 新建路径 ………………… 195

10.6.4 复制、粘贴路径 ………… 195

10.6.5 删除路径 ………………… 196

10.7 上机练习 ……………………… 196

10.8 习题 …………………………… 202

第 11 章 文字工具的应用 ……………… 203

11.1 认识文字工具 ………………… 203

11.1.1 文字工具 ………………… 203

11.1.2 文字蒙版工具 …………… 205

11.2 创建不同形式的文字 ………… 207

11.2.1 点文字和段落文字 ……… 207

11.2.2 路径文字 ………………… 207

11.2.3 变形文字 ………………… 209

11.3 设置文本对象 ………………… 210

11.3.1 修改文本属性 …………… 211

11.3.2 编辑段落文本 …………… 213

11.4 转换文字图层 ………………… 215

11.4.1 将文字图层转换为普通

图层 ………………… 215

11.4.2 将文字转换为形状 ……… 216

11.5 上机练习 ……………………… 217

11.6 习题 …………………………… 220

第 12 章 通道与蒙版的应用 …………… 221

12.1 了解通道类型 ………………… 221

12.2 【通道】面板 ………………… 222

12.3 通道基础操作 ………………… 223

12.3.1 创建通道 ………………… 223

12.3.2 复制和删除通道 ………… 224

12.3.3 分离和合并通道 ………… 225

12.3.4 存储、载入通道 ………… 225

12.3.5 通道和选区的互相转换 … 227

12.4 通道高级操作 ………………… 228

12.4.1 【应用图像】命令 ……… 228

12.4.2 【计算】命令 …………… 229

12.4.3 用通道调整颜色 ………… 231

12.4.4 用通道抠图 ……………… 232

12.5 认识蒙版 ……………………… 233

12.6 使用快速蒙版 ………………… 234

12.7 图层蒙版 ……………………… 236

12.7.1 创建图层蒙版 …………… 236

12.7.2 停用、启用图层蒙版 …… 236

12.7.3 应用图层蒙版 …………… 237

12.7.4 删除图层蒙版 …………… 237

12.7.5 蒙版与选区的运算 ……… 238

12.8 剪贴蒙版 ……………………… 238

12.8.1 创建剪贴蒙版 …………… 238

12.8.2 释放剪贴蒙版 …………… 239

12.8.3 编辑剪贴蒙版 …………… 239

12.8.4 加入、移出剪贴蒙版 …… 240

12.9 矢量蒙版 ……………………… 240

12.9.1 创建矢量蒙版 …………… 240

12.9.2 转换矢量蒙版 …………… 241

12.9.3 编辑矢量蒙版 …………… 242

12.9.4 链接、取消链接矢量蒙版 ·· 242

12.10 上机练习 …………………… 242

12.11　习题 …………………… 244

第 13 章　滤镜的应用 ……………245

13.1　初始滤镜 ……………………… 245

13.1.1　滤镜的使用方法 ………… 245

13.1.2　智能滤镜 ………………… 247

13.2　特殊滤镜 ……………………… 248

13.2.1　【镜头校正】命令 ……… 248

13.2.2　【液化】命令 …………… 250

13.2.3　【油画】命令 …………… 251

13.2.4　【消失点】命令 ………… 251

13.3　【滤镜库】命令 ……………… 253

13.3.1　滤镜库的使用 …………… 253

13.3.2　【画笔描边】滤镜组 ……… 254

13.3.3　【素描】滤镜组 ………… 257

13.3.4　【纹理】滤镜组 ………… 261

13.3.5　【艺术效果】滤镜组 …… 263

13.4　【风格化】滤镜组 …………… 267

13.5　【模糊】滤镜组 ……………… 269

13.6　【扭曲】滤镜组 ……………… 274

13.7　【锐化】滤镜组 ……………… 279

13.8　【像素化】滤镜组 …………… 280

13.9　【渲染】滤镜组 ……………… 282

13.10　【杂色】滤镜组 …………… 285

13.11　上机练习 …………………… 286

13.12　习题 ………………………… 288

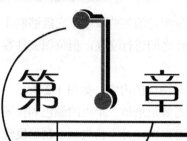

第1章

Photoshop CC 基础知识

学习目标

Photoshop 是一款由 Adobe 公司出品的功能强大的图像处理软件。Photoshop CC 从很大程度上将 Photoshop 强大的功能更进一步地体现出来。本章主要介绍了 Photoshop CC 工作界面及常规选项设置等内容。

本章重点

Photoshop 的图像概念
Photoshop CC 的工作区
常用命令设置
图像编辑的辅助工具

1.1 Photoshop 的图像概念

在使用 Photoshop 进行图像文件的编辑处理时，用户需要先了解一些基本的术语和概念性的问题。了解这些基础的知识可以帮助用户更加有效、合理地使用 Photoshop 进行图像文件的编辑处理。

1.1.1 位图和矢量图

位图图像是由许多点组成的，其中每一个点即为一个像素，而每一像素都有明确的颜色，如图 1-1 所示。Photoshop 和其他绘画及图像编辑软件产生的图像基本上都是位图图像，但在 Photoshop 中集成了矢量绘图功能，因而扩大了用户的创作空间。

位图图像与分辨率有关，如果在屏幕上以较大的倍数放大显示，或以过低的分辨率打印，点阵图像会出现锯齿状的边缘，丢失细节。位图图像弥补了矢量图像的某些缺陷，它能够制作出颜色和色调变化丰富的图像，同时也可以很容易地在不同软件之间进行交换，但位图文件容量较大，对内存和硬盘的要求较高。

矢量图像也可以叫做向量式图像，它是以数学式的方法记录图像的内容，如图 1-2 所示。其记录的内容以线条和色块为主，由于记录的内容比较少，不需要记录每一个点的颜色和位置等，所以其文件容量比较小，这类图像很容易进行放大、旋转等操作，且不易失真，精确度较高，所以在一些专业的图形绘制软件中应用较多。但同时，正是由于上述原因，这种图像类型不适于制作一些色彩变化较大的图像，且由于不同软件的存储方法不同，在不同软件之间的转换存在一定的困难。

图 1-1　位图　　　　　　　　　　　　　　　　　图 1-2　矢量图

 ## 1.1.2　像素和分辨率

在 Photoshop 中，像素(Pixel)是组成图像的最基本单元，它是一个小的矩形颜色块。一幅图像通常由许多像素组成，这些像素被排列成横行或纵列。当使用缩放工具将图像缩放到足够大时，就可以看到类似马赛克的效果，每一个小矩形块即为一个像素，也可以称之为栅格。每个像素都有不同的颜色值，单位长度内的像素越多，分辨率(ppi)越高，图像的效果就越好。图 1-3所示为显示器上正常显示的图像；当图像放大到一定比例后，用户就会看到如图 1-4 所示的类似马赛克的效果。

图 1-3　显示器上正常显示的图像　　　　　　图 1-4　图像放大后的效果

正确理解图像分辨率(Image Resolutionch)和图像之间的关系对于了解 Adobe Photoshop 的工作原理非常重要。图像分辨率的单位是 ppi(pixels per inch)，即每英寸所包含的像素数量。如果图像分辨率是 72ppi，就是在每英寸长度内包含 72 像素。图像分辨率越高，意味着每英寸所包含的像素越多，图像可以展现越多的细节，颜色过渡就越平滑。图像分辨率和图像大小之间有着密切的关系。图像分辨率越高，所包含的像素越多，图像的信息量越大，因而文件也就越大。

通过扫描仪获取大图像时，将扫描分辨率设定为 300ppi 就可以满足高分辨率输出的需要。如果扫描时分辨率设置的比较低，通过 Photoshop 来提高图像分辨率的话，由 Photoshop 利用差值运算来产生新的像素，会造成图像模糊、层次差，不能忠实于原稿的问题。如果扫描时分辨率设置得比较高，图像已经获得足够的信息，通过 Photoshop 来减少图像分辨率则不会影响图像的质量。另外，常提到的输出分辨率是以 dpi(dots per inch)(每英寸所含的点)为单位，这是针对输出设备而言的。通常激光打印机的输出分辨率为 300~600dpi，照排机要达到 1200~2400dpi 或更高。

1.1.3 图像格式

同一幅图像文件可以使用不同的文件格式来进行存储，但不同文件格式所包含的信息并不相同，文件的大小也有很大的差别。因而，在使用时应当根据需要选择合适的文件格式。在 Photoshop CC 中，支持的图像文件格式有 20 余种。因此，在 Photoshop 中可以打开多种格式的图像文件进行编辑处理，并且可以以其他格式存储图像文件。

PSD：这是 Photoshop 软件的专用图像文件格式，它能保存图像数据的每一个小细节，可以存储成 RGB 或 CMKY 颜色模式，也能自定义颜色数目进行存储，它能保存图像中各图层的效果和相互关系，各图层之间相互独立，以便于对单独的图层进行修改和制作各种特效。其唯一缺点就是占用的存储空间较大。

TIFF：这是一种比较通用的图像格式，几乎所有的扫描仪和大多数图像软件都支持这一格式。这种格式支持 RGB、CMYK、Lab、Indexed Color、位图和灰度颜色模式，有非压缩方式和 LZW 压缩方式之分。同 EPS 和 BMP 等文件格式相比，其图像信息最紧凑，因此 TIF 文件格式在各软件平台上得到了广泛支持。

JPEG：JPEG 是一种带压缩的文件格式，其压缩率是目前各种图像文件格式中最高的。但 JPEG 在压缩时图像存在一定程度的失真。因此，在制作印刷制品时建议不采用该格式。JPEG 格式支持 RGB、CMYK 和灰度颜色模式，但不支持 Alpha 通道，它主要用于图像的预览和 HTML 网页的制作。

BMP：它是标准的 Windows 及 OS/2 平台上的图像文件格式，Microsoft 的 BMP 格式是专门为【画笔】和【画图】程序建立的。这种格式支持 1~24 位颜色深度，使用的颜色模式可为 RGB、索引颜色、灰度和位图等，且与设备无关。

GIF：该格式是由 CompuServe 提供的一种图像格式。由于 GIF 格式可以使用 LZW 方式进行压缩，所以它被广泛应用于通信领域和 HTML 网页文档中。但该格式仅支持 8 位图像文件。

PDF：该文件格式是由 Adobe 公司推出的，它以 PostScript Level2 语言为基础，因此可以覆盖矢量式图像和点阵式图像，并且支持超链接。利用此格式可以保存多页信息，其中可以包含图像和文本，同时它也是网络下载经常使用的文件格式。

EPS(Encapsulated PostScript)：该格式是跨平台的标准格式，其扩展名在 Windows 平台上为*.eps，在 Macintosh 平台上为*.epsf，可以用于存储矢量图形和位图图像文件。EPS

计算机 基础与实训教材系列

格式采用 PostScript 语言进行描述，可以保存 Alpha 通道、分色、剪辑路径、挂网信息和色调曲线等数据信息，因此 EPS 格式也常被用于专业印刷领域。EPS 格式是文件内带有 PICT 预览的 PostScript 格式，基于像素的 EPS 文件要比以 TIFF 格式存储的相同图像文件所占磁盘空间大，基于矢量图形的 EPS 格式的图像文件要比基于位图图像的 EPS 格式的图像文件小。

PNG：PNG 格式是一种新兴的网络图像格式，也是目前可以保证图像不失真的格式之一。它不仅兼有 GIF 格式和 JPEG 格式所能使用的所有颜色模式，而且能够将图像文件压缩到极限以利于网络上的传输，还能保留所有与图像品质相关的数据信息。这是因为 PNG 格式是采用无损压缩方式来保存文件，与牺牲图像品质以换取高压缩率的 JPEG 格式有所不同；采用这种格式的图像文件显示速度很快，只需下载 1/64 的图像信息就可以显示出低分辨率的预览图像；PNG 格式也支持透明图像的制作。PNG 格式的缺点在于不支持动画。

①.1.4　图像颜色模式

计算机基础与实训教材系列

颜色模式决定用于显示和打印图像的颜色模式。简单地说，颜色模式是用于表现颜色的一种数学算法。Photoshop 的颜色模式以用于描述和重现色彩的颜色模式为基础。常见的颜色模式包括位图、灰度、双色调、索引颜色、RGB 颜色、CMYK 颜色、Lab 颜色、多通道及 8 位或 16 位/通道模式等。

由于颜色模式的不同，对图像的描述和所能显示的颜色数量就会不同。除此之外，颜色模式还影响通道数量和文件大小。默认情况下，位图、灰度和索引颜色模式的图像只有 1 个通道；RGB 和 Lab 颜色模式的图像有 3 个通道；CMYK 颜色模式的图像有 4 个通道。

位图模式是由黑白两种像素组成的色彩模式，它有助于较为完善地控制灰度图像的打印。

　　只有灰度模式或多通道模式的图像才能转换成位图模式。因此，要把 RGB 模式转换成位图模式，应先转换成灰度模式，再由【灰度】模式转换成【位图】模式。

灰度模式中只存在灰度色彩，并最多可达 256 级。灰度图像文件中，图像的色彩饱和度为 0，亮度是唯一能够影响灰度图像的参数。在 Photoshop CC 应用程序中选择【图像】|【模式】|【灰度】命令将图像文件的颜色模式转换成灰度模式时，将出现一个警告对话框，提示这种转换将丢失颜色信息。

双色调模式通过一至四种自定油墨创建单色调、双色调(两种颜色)、三色调(三种颜色)和四色调(四种颜色)的灰度图像。对于用专色的双色打印输出，双色调模式增大了灰色图像的色调范围。因为，双色调使用不同的彩色油墨重现不同的灰阶。

HSB 颜色模式中，H 表示色相，S 表示饱和度，B 表示亮度，其色相沿着 0°~360° 的色环来进行变换，只有在色彩编辑时才能看到这种色彩模式。如果用户需要从彩色的颜色模式转换成双色调模式，则要先将图像转换成灰度模式，再由灰度模式转换成双色调模式。

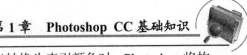

索引模式可生成最多 256 种颜色的 8 位图像文件。当转换为索引颜色时，Photoshop 将构建一个颜色查找表，用于存放并索引图像中的颜色。如果原图像中的某种颜色没有出现在该表中，则程序将选取最接近的一种，或使用仿色以现有颜色来模拟该颜色。

RGB 是测光的颜色模式，R 代表 Red(红色)，G 代表 Green(绿色)，B 代表 Blue(蓝色)。3 种色彩叠加形成其他颜色，因为 3 种颜色每一种都有 256 个亮度水平级，所以彼此叠加就能形成 1670 万种颜色。RGB 颜色模式因为是由红、绿、蓝相叠加而形成的其他颜色，因此该模式也叫做加色模式。图像色彩均由 RGB 数值决定。当 RGB 数值均为 0 时，为黑色；当 RGB 数值均为 255 时，为白色。

CMYK 是印刷中必须使用的颜色模式。C 代表青色，M 代表洋红，Y 代表黄色，K 代表黑色。实际应用中，青色、洋红和黄色很难形成真正的黑色，因此引入黑色用来强化暗部色彩。在 CMYK 模式中，由于光线照到不同比例的 C、M、Y、K 油墨纸上，部分光谱被吸收，反射到人眼中产生颜色，所以该模式是一种减色模式。使用 CMYK 模式产生颜色的方法叫做色光减色法。

Lab 模式包含的颜色最广，是一种与设备无关的模式。该模式由 3 个通道组成，它的一个通道代表发光率，即 L，另外两个用于颜色范围，a 通道包括的颜色是从深绿(低亮度值)到灰(中亮度值)，再到亮粉红色(高亮度值)；b 通道则是从亮蓝色(低亮度值)到灰(中亮度值)，再到焦黄色(高亮度值)。当 RGB 颜色模式要转换成 CMYK 颜色模式时，通常要先转换为 Lab 颜色模式。

1.2　Photoshop CC 的工作区

启动 Adobe Photoshop CC 应用程序后，打开任意图像文件，显示如图 1-5 所示工作区。其工作区由菜单栏、选项栏、工具箱、面板、文档窗口和状态栏等部分组成。下面将分别介绍界面中各个部分的功能及其使用方法。

图 1-5　Photoshop CC 的工作区

1.2.1 菜单栏

菜单栏是 Photoshop 的重要组成部分。Photoshop CC 按照功能分类，提供了包含【文件】、【编辑】、【图像】、【图层】、【类型】、【选择】、【滤镜】、【3D】、【视图】、【窗口】和【帮助】11 个命令菜单，如图 1-6 所示。

图 1-6　菜单栏

用户只要单击其中一个菜单，随即将会出现相应的下拉式命令菜单，如图 1-7 所示。在弹出的菜单中，如果命令显示为浅灰色，则表示该命令目前状态为不可执行；命令右方的字母组合代表该命令的键盘快捷键，按下该快捷键即可快速执行该命令；若命令后面带省略号，则表示执行该命令后，工作区中将会显示相应的设置对话框。

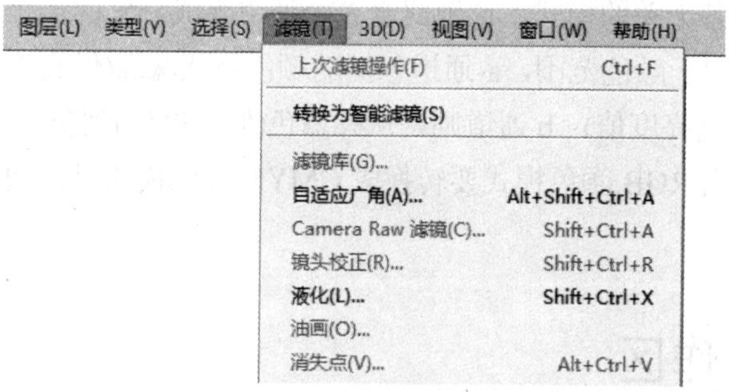

图 1-7　命令菜单

> **提示**
>
> 有些命令只提供了快捷键字母，要通过快捷键方式执行命令，可以按下 Alt 键+主菜单的字母，然后按下命令后的字母，执行该命令。

1.2.2 工具箱

Photoshop 工具箱中包含很多工具图标。其中工具依照功能与用途大致可分为选取、编辑、绘图、修图、路径、文字、填色以及预览类工具。

使用鼠标单击工具箱中的工具按钮图标即可使用该工具。如果工具按钮图标右下方有一个三角形符号，则代表该工具还有弹出式的工具，如图 1-8 所示。单击工具按钮则会出现一个工具组，将鼠标移动到工具图标上即可切换不同的工具，也可以按住 Alt 键单击工具按钮图标以切换工具组中不同的工具。另外，选择工具还可以通过快捷键来执行，工具名称后的字母即为工具快捷键。

工具箱底部还有如图 1-9 所示 3 组设置：填充颜色控制支持用户设置前景色与背景色；工作模式控制用来选择以标准工作模式还是快速蒙版工作模式进行图像编辑；屏幕模式控制用来切换屏幕模式。

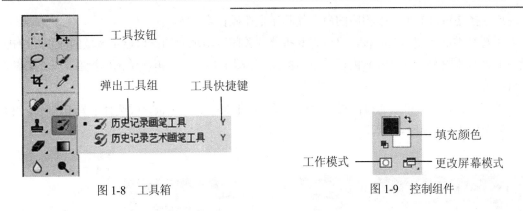

图 1-8 工具箱   图 1-9 控制组件

①.2.3 工具属性栏

选项栏在 Photoshop CC 的应用中具有非常关键的作用，它位于菜单栏的下方，当选中工具箱中的任意工具时，选项栏将会显示如图 1-10 所示的相应工具的属性设置选项，用户可以方便地利用它来设置工具的各种属性。

图 1-10 选项栏

在选项栏中设置完参数后，如果要将该工具选项栏中的参数恢复为默认，可以在工具选项栏左侧的工具图标处右击鼠标，在弹出的菜单中选择【复位工具】命令，即可将当前工具选项栏中的参数恢复为默认值。如果要将所有工具选项栏的参数恢复为默认设置，可以选择【复位所有工具】命令，如图 1-11 所示。

图 1-11 复位工具命令

①.2.4 面板

面板是 Photoshop CC 工作区中最常用的组成部分。通过面板可以完成图像编辑处理时命令参数的设置和图层、路径、通道编辑等操作。

1. 打开、关闭面板

打开 Photoshop 后，常用面板会置于工作区右侧的面板组堆栈中。另外一些未显示的面板，可以通过选择【窗口】菜单中相应的命令使其显示在操作窗口内。

对于暂时不需要使用的面板，可以将其折叠或关闭以增加文档窗口显示区域的面积。单击面板右上角的 ⁽⁾ 按钮，可以将面板折叠为图标状，如图 1-12 所示。再次单击面板右上角的 ⁽⁾ 按钮则可以再次展开面板。

要关闭面板，用户可以通过面板菜单中的【关闭】命令关闭面板，或选择【关闭选项卡组】命令关闭面板组，如图 1-13 所示。

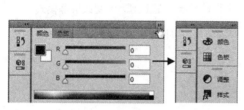

图 1-12 折叠面板

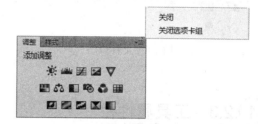

图 1-13 关闭面板

2. 拆分面板

Photoshop 应用程序中将二十几个功能面板进行了分组。显示的功能面板默认会被拼贴在固定区域。如果要将面板组中的面板移动到固定区域之外，使用鼠标单击面板选项卡，并按住鼠标左键将其拖动到面板组以外，即可将该面板变成浮动式面板放置于工作区中的任意位置，如图 1-14 所示。

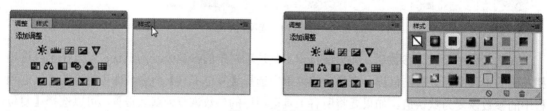

图 1-14 拆分面板

3. 组合面板

在一个独立面板的选项卡名称位置处单击并按住鼠标，然后将其拖动到另一个面板上，当另一个面板周围出现蓝色的方框时释放鼠标，即可将两个面板组合在一起，如图 1-15 所示。

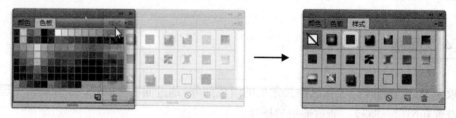

图 1-15 组合面板

4. 停靠面板组

为了节省空间，用户还可以将组合的面板停靠在右侧软件的边缘位置，或与其他的面板组停靠在一起。

　　拖动面板组上方的标题栏或选项卡位置，将其移动到另一组或一个面板边缘位置，当出现一条垂直的蓝色线条时，释放鼠标即可将该面板组停靠在其他面板或面板组的边缘位置，如图1-16 所示。

图 1-16　停靠面板组

1.2.5　文档窗口

　　文档窗口是图像内容的所在位置。打开的图像文件默认以选项卡模式显示在工作区中，其上方的标签会显示图像的相关信息，包括文件名、显示比例、颜色模式和位深度等。Photoshop中可以对文档窗口进行调整，以满足不同用户的需要，如浮动或合并文档窗口、缩放或移动文档窗口等。

1. 浮动或合并文档窗口

　　默认状态下，打开的文档窗口处于合并状态，可以通过拖动的方法将其变成浮动状态。如果当前文档窗口处于浮动状态，也可以通过拖动将其变成合并状态。将光标移动到文档窗口选项卡位置，按住鼠标向外拖动，然后释放鼠标即可将其由合并变成浮动状态，如图1-17 所示。

图 1-17　浮动文档窗口

　　当文档窗口处于浮动状态时，将光标移动到文档窗口标题栏位置，按住鼠标将其向工作区边缘靠近，当工作区边缘出现蓝色边框时，释放鼠标，即可将文档窗口由浮动变为合并状态，如图1-18 所示。

　　除了使用拖动的方法来浮动或合并文档窗口外，还可以使用菜单命令来快速合并或浮动文

档窗口。选择【窗口】|【排列】命令，在其子菜单中选择【在窗口中浮动】、【使所有内容在窗口中浮动】或【将所有内容合并到选项卡中】命令，可以快速将单个或所有文档窗口在工作区中浮动，或将所有文档窗口合并到工作区中。

图 1-18　合并文档窗口

2. 移动文档窗口的位置

为了操作方便，可以将文档窗口随意移动。但需要注意的是，文档窗口不能处于选项卡模式或最大化状态。将光标移动到文档窗口的标题栏位置，按住鼠标将文档窗口向需要的位置拖动，到达合适的位置后释放鼠标即可完成文档窗口的移动。

3. 调整文档窗口大小

为了方便操作，还可以调整文档窗口的大小，将光标移动到文档窗口边框处，当光标变变双向箭头时，向外拖动可以放大文档窗口，向内拖动则可以缩小文档窗口，如图 1-19 所示。

图 1-19　调整文档窗口大小

①.2.6　状态栏

状态栏位于文档窗口的底部，用于显示如当前图像的缩放比例、文件大小以及有关当前使用工具的简要说明等信息，如图 1-20 所示。

在状态栏最左端的文本框中输入数值，然后按下 Enter 键，可以改变图像在窗口的显示比例。单击右侧的按钮，从弹出的菜单中可以选择状态栏将显示的说明信息，如图 1-21 所示。

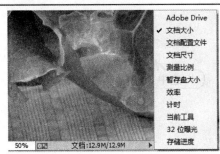

图 1-20　状态栏　　　　　　　　图 1-21　状态栏说明信息选项

1.2.7　自定义工作区

在图像处理过程中，用户可以根据需要调配工作区中显示的面板及位置，并且将其存储为预设工作区，以便下次使用。

【例 1-1】在 Photoshop 中自定义工作区。

(1) 启动 Photoshop CC，在工作区中调配好所需的操作界面，如图 1-22 所示。

(2) 选择【窗口】|【工作区】|【新建工作区】命令，打开【新建工作区】对话框。在对话框的【名称】文本框中输入"版式设计"，并分别选中【键盘快捷键】和【菜单】复选框，然后单击【存储】按钮，如图 1-23 所示。

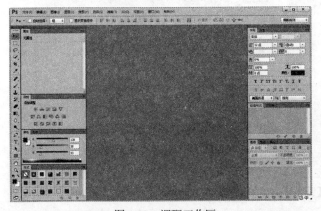

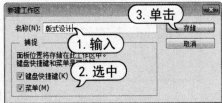

图 1-22　调配工作区　　　　　　　图 1-23　新建工作区

(3) 重新选择【窗口】|【工作区】命令，即可看到刚存储的"版式设计"工作区已包含在菜单中，如图 1-24 所示。

📖 知识点

选择【窗口】|【工作区】|【删除工作区】命令，打开【删除工作区】对话框。在对话框中的【工作区】下拉列表中选择需要删除的工作区，然后单击【删除】按钮，即可删除存储的自定义工作区，如图 1-25 所示。

图 1-24　查看工作区　　　　　　　　　　　　　图 1-25　删除工作区

①.3　常用命令设置

在使用 Photoshop 编辑图像文件时，熟练运用常用命令可以使工作效率得到大幅提高。

①.3.1　快捷键设置

Photoshop 为用户提供了自定义修改快捷键的权限，用户可以根据个人的操作习惯来定义菜单快捷键、面板快捷键以及【工具】面板中各个工具的快捷键。选择【编辑】|【键盘快捷键】命令，打开【键盘快捷键和菜单】对话框，如图 1-26 所示。

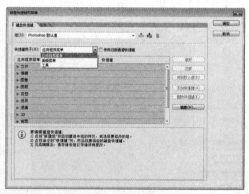

图 1-26　【键盘快捷键和菜单】对话框

在【快捷键用于】下拉列表框中提供了【应用程序菜单】、【面板菜单】和【工具】3 个选项。选择【应用程序菜单】选项后，在下方的列表框中单击展开某一菜单后，再单击需要添加或修改快捷键的命令，然后即可输入新的快捷键；选择【面板菜单】选项，可以对某个面板的相关操作定义快捷键；选择【工具】选项，则可以对【工具】面板中的各个工具的选项设置快捷键。

【例 1-2】在 Photoshop 中自定义快捷键。

(1) 启动 Photoshop CC，选择菜单栏中【编辑】|【键盘快捷键】命令，或按 Alt+Shift+Ctrl+K 键，打开【键盘快捷键和菜单】对话框，如图 1-27 所示。

（2）在【应用程序菜单命令】选项组中，选中【图像】菜单组下的【调整】|【亮度/对比度】命令。此时，会出现一个用于定义快捷键的文本框，如图 1-28 所示。

图 1-27　打开【键盘快捷键和菜单】对话框　　　　　图 1-28　选择菜单命令

（3）同时按住 Ctrl 键和/键，此时文本框中就会出现 Ctrl+/组合键，然后单击【确定】按钮完成操作，如图 1-29 所示。

（4）此时，选择【图像】|【调整】|【亮度/对比度】命令，即可以看到命令后显示了刚设定的快捷键，如图 1-30 所示。

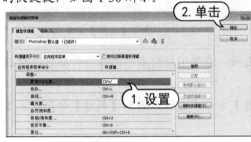
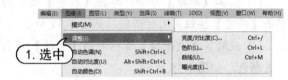

图 1-29　设置快捷键　　　　　　　　　　　图 1-30　查看快捷键

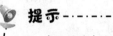提示

　　在设置键盘快捷键时，如果设置的快捷键已经被使用或禁用这种组合的按键方式，会在【键盘快捷键和菜单】对话框的下方区域中显示警告文字信息进行提醒，如图 1-31 所示。

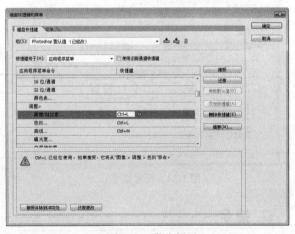

图 1-31　警告提示

1.3.2　菜单设置

在 Photoshop 中，用户可以为常用菜单命令定义一个颜色，以便快速查找。

【例 1-3】在 Photoshop 中设置菜单命令。

(1) 启动 Photoshop CC，选择【编辑】|【菜单】命令，或按 Alt+Shift+Ctrl+M 键，打开【键盘快捷键和菜单】对话框，如图 1-32 所示。

(2) 在【应用程序菜单命令】选项组中，单击【文件】菜单组，展开其子命令，如图 1-33 所示。

图 1-32　打开【键盘快捷键和菜单】对话框

图 1-33　选择【文件】菜单组

(3) 选择【新建】命令，单击【颜色】栏中的选项，在其下拉列表中选择一种颜色，然后单击【确定】按钮关闭对话框，如图 1-34 所示。

(4) 此时，再次选择菜单栏中的【文件】|【新建】命令，就可以看到【新建】命令变成了所选颜色，如图 1-35 所示。

图 1-34　设置菜单

图 1-35　查看菜单设置

 提示

如果要存储对当前菜单组所做的所有更改，需要在【键盘快捷键和菜单】对话框中单击【存储对当前菜单组的所有更改】按钮；如果存储的是对 Photoshop 默认组所做的更改，会弹出【另存为】对话框，用户可以为新组设置一个名称。

1.3.3　恢复初始设置

在启动 Photoshop 时，同时按住 Shift+Alt+Ctrl 快捷键，可弹出如图 1-36 所示的提示对话框。在此对话框中单击【是】按钮可以删除 Adobe Photoshop 的设置文件，软件的所有设置均会恢复到初始状态。当再次打开 Photoshop 时，Photoshop 会自动创建新的预置文件。

图 1-36　恢复初始设置对话框

1.4　图像编辑的辅助工具

Photoshop 中常用的辅助工具包括标尺、参考线和网格等，借助这些辅助工具可以进行参考、对齐等操作以提高操作的精确程度和工作效率。

1.4.1　设置标尺

标尺可以帮助用户准确地定位图像或元素的位置。选择【视图】|【标尺】命令或按 Ctrl+R 快捷键，可以在图像文件窗口的顶部和左侧分别显示水平和垂直标尺，如图 1-37 所示。此时，移动光标，标尺内的标记会显示光标的精确位置。

默认情况下，标尺的原点位于文档窗口的左上角。修改原点的位置，可从图像上的特定位置开始测量。将光标放置在原点上，单击并按下鼠标向右下方拖动，画面中会显示十字线，将它拖动到需要的位置，然后释放鼠标定义原点新位置，如图 1-38 所示。定位原点的过程中，按住 Shift 键可以使标尺的原点与标尺的刻度记号对齐。将光标放在原点默认的位置上，双击鼠标即可将原点恢复到默认位置。

图 1-37　显示标尺

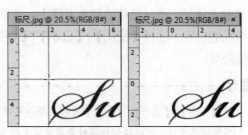

图 1-38　设置标尺原点

双击标尺，打开【首选项】对话框，在对话框中的【标尺】下拉列表中可以修改标尺的测量单位；或在标尺上右击鼠标，在弹出的快捷菜单中选择标尺的测量单位。如图 1-39 所示。

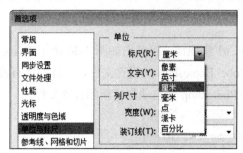 

图 1-39　设置标尺测量单位

①.4.2　设置参考线

参考线是显示在图像文件上方的不会被打印出来的线条，可以帮助用户定位图像对象。创建的参考线可以移动和删除，也可以将其锁定。

在 Photoshop 中，可以通过以下两种方法来创建参考线。一种方法是按 Ctrl+R 快捷键，在图像文件中显示标尺。然后将光标放置在标尺上，按下鼠标不放并向图像中拖动，即可创建参考线，如图 1-40 所示。如果要使参考线与标尺上的刻度对齐，可以在拖动时按住 Shift 键。

另一种方法是选择【视图】|【新建参考线】命令，打开如图 1-41 所示的【新建参考线】对话框。在对话框的【取向】选项区域中选择参考线的方向，然后在【位置】文本框中输入数值，此值代表了参考线在画面中的位置。单击【确定】按钮，可以按照设置的位置创建水平或垂直参考线。

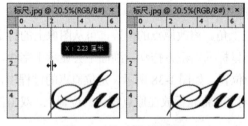 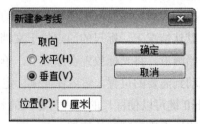

图 1-40　拖动创建参考线　　　　　　图 1-41　【新建参考线】对话框

创建参考线后，将鼠标移动到参考线上，当鼠标显示为 ⇔ 图标时，单击并拖动鼠标，可以改变参考线的位置。选择【视图】|【显示】|【参考线】命令，或按快捷键 Ctrl+; 键可以将当前参考线隐藏。

 提示 -

选择【视图】|【显示】|【智能参考线】命令可以启用智能参考线。智能参考线是一种智能化的参考线。利用智能参考线，可以轻松地将对象与窗口中的其他对象靠齐。此外，在拖动或创建对象时，会出现临时参考线，如图 1-42 所示。

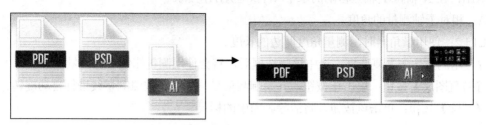

图 1-42　使用智能参考线

①.4.3　设置网格

默认情况下，网格显示为不可打印的线条或网点。网格对于对称布置图像和图形的绘制都十分有用。

选择【视图】|【显示】|【网格】命令，或按 Ctrl+' 快捷键可以在当前打开的文件窗口中显示网格，如图 1-43 所示。用户可以通过【编辑】|【首选项】|【参考线、网格和切片】命令打开【首选项】对话框调整网格设置，如图 1-44 所示。

图 1-43　显示网格

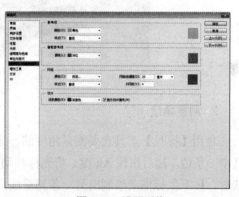

图 1-44　设置网格

①.4.4　使用【标尺】工具

【标尺】工具主要用来测量图像中点到点之间的距离、位置和角度等。在工具箱中选择【标尺】工具，在选项栏中可以观察到【标尺】工具的相关参数，如图 1-45 所示。

| | X: 0.00 | Y: 0.00 | W: 0.00 | H: 0.00 | A: 0.0° | L1: 0.00 | L2: | □ 使用测量比例 | 拉直图层 | 清除 |

图 1-45　【标尺】选项栏

X/Y：测量的起始坐标位置。

W/H：在 X 轴和 Y 轴上移动的水平(W)和垂直(H)距离。

A：相对于轴测量的角度。

L1/L2：使用量角器时，测量角度两边的长度。

【使用测量比例】复选框：选中该复选框后，将会使用测量比例进行测量。

【拉直图层】按钮：单击该按钮，并绘制测量线，画面将按照测量线进行自动旋转。

【清除】按钮：单击该按钮，将清除画面中的标尺。

1. 测量长度

使用【标尺】工具在图像中需要测量长度的开始位置单击鼠标，然后按住鼠标拖动至结束的位置释放鼠标即可。测量完成后，从选项栏和【信息】面板中可以看到测量的结果，如图 1-46 所示。

图 1-46　测量长度

2. 测量角度

使用【标尺】工具在要测量角度的一边按下鼠标，然后拖动出一条直线，绘制测量角度的其中一条边，然后按住 Alt 键，将光标移动到要测量角度的测量线顶点位置，当光标变成 形状时，按下鼠标拖动绘制出另一条测量线，两条测量线形成一个夹角。测量完成后，从选项栏和【信息】面板中可以看到测量的角度信息，如图 1-47 所示。

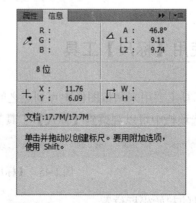

图 1-47　测量角度

1.5 上机练习

本章的上机练习通过设置 Photoshop CC 工作环境，菜单设置和使用辅助工具的综合实例操作，使用户通过练习巩固本章所学知识。

(1) 启动 Photoshop CC，打开一幅素材图像文件，如图 1-48 所示。

(2) 选择【视图】|【显示】|【网格】命令，在图像窗口中显示网格，如图 1-49 所示。

图 1-48　打开图像文件

图 1-49　显示网格

(3) 选择【编辑】|【首选项】|【参考线、网格和切片】命令，打开【首选项】对话框。在【参考线】选项区域中的【颜色】下拉列表中选择【浅蓝色】选项；在【网格】选项区域中的【颜色】下拉列表中选择【浅红色】选项，并设置【子网格】数量为 5，然后单击【确定】按钮，关闭【首选项】对话框，如图 1-50 所示。

(4) 按 Ctrl+R 键在文档窗口中显示标尺。将光标移动到标尺上，并右击标尺，在弹出的菜单中选择【毫米】选项，如图 1-51 所示。

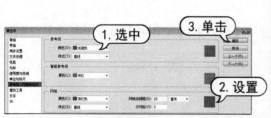
图 1-50　设置网格

图 1-51　设置标尺单位

(5) 选择【编辑】|【菜单】命令，打开【键盘快捷键和菜单】对话框。在【应用程序菜单命令】选项区域中，单击【窗口】菜单组，展开其子命令，如图 1-52 所示。

(6) 选择【工作区】命令，单击【颜色】栏中的选项，在下拉列表中选择【黄色】，如图 1-53 所示。

（7）选择【工作区】命令下的【新建工作区】命令，单击【颜色】栏中的选项，在下拉列表中选择【红色】，如图1-54所示，然后单击【确定】按钮关闭对话框。

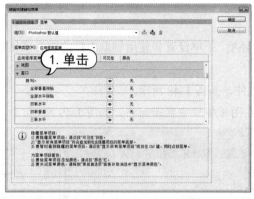

图1-52　选择【窗口】菜单组

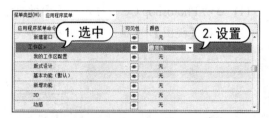

图1-53　设置菜单颜色

（8）选择【窗口】|【工作区】|【新建工作区】命令，在【名称】文本框中输入"我的工作区"，然后选中【菜单】复选框，最后单击【存储】按钮，即可进行存储，如图1-55所示。

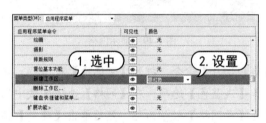

图1-54　设置菜单命令颜色

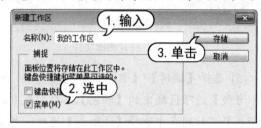

图1-55　新建工作区

1.6　习题

1. 在默认工作区中，关闭【样式】面板，并将【导航器】面板合并到常用面板组中，然后存储工作区。

2. 根据个人操作习惯自定义工作区，然后使用【窗口】|【工作区】命令子菜单复位默认工作区。

图像的基础编辑

学习目标

使用 Photoshop 应用程序编辑处理图像文件之前，必须先掌握图像文件的基本操作。本章主要介绍了 Photoshop CC 应用程序中常用的文件操作命令、图像文件的显示、浏览和尺寸的调整，使用户能够更好、更有效地绘制和处理图像文件。

本章重点

- 图像文件的基本操作
- 查看图像
- 设置图像和画布大小
- 还原与重做操作

2.1 图像文件的基本操作

在 Photoshop 中，图像文件的基本操作包括新建、打开、置入、存储和关闭等命令执行相应命令或使用快捷键，可以使用户便利、高效地完成操作。

2.1.1 新建图像文件

启动 Photoshop CC 后，用户还不能在工作区中进行任何编辑操作。因为 Photoshop 中的所有编辑操作都是在文档的窗口中完成的，所以用户可以通过新建图像文件进行编辑操作。

要新建图像文件，可以选择菜单栏中的【文件】|【新建】命令，或按 Ctrl+N 键打开【新建】对话框，如图 2-1 所示。然后在【新建】对话框中可以设置文件的名称、尺寸、分辨率以及颜色模式等。

- 【名称】：设置文件名称，默认文件名为"未标题-1"。

● 【预设】：选择预设常用尺寸。【预设】下拉列表中包含【剪贴板】、【默认 Photoshop 大小】、【美国标准纸张】、【国际标准纸张】、【照片】、Web、【移动设备】、【胶片和视频】和【自定】9 个选项，如图 2-2 所示。

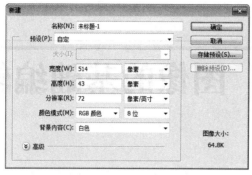

图 2-1 【新建】对话框

图 2-2 【预设】选项

● 【大小】：用于设置预设类型的大小，如图 2-3 所示。在设置【预设】为【美国标准纸张】、【国际标准纸张】、【照片】、Web、【移动设备】或【胶片和视频】时，【大小】选项才可用。

● 【宽度】/【高度】：设置文件的宽度和高度，其单位有【像素】、【英寸】、【厘米】、【毫米】、【点】、【派卡】和【列】7 种，如图 2-4 所示。

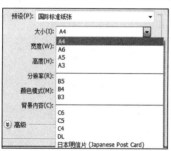

图 2-3 【大小】选项

图 2-4 设置尺寸单位

● 【分辨率】：用来设置文件的分辨率大小，其单位有【像素/英寸】和【像素/厘米】两种。一般情况下，图像的分辨率越高，图像质量越好。

● 【颜色模式】：设置文件的颜色模式以及相应的颜色位深度，如图 2-5 所示。

● 【背景内容】：设置文件的背景内容，包含【白色】、【背景色】和【透明】3 个选项。

● 【高级】选项：其中包含【颜色配置文件】和【像素长宽比】选项，如图 2-6 所示。在【颜色配置文件】下拉列表中可以为文件选择一个颜色配置文件；在【像素长宽比】下拉列表中可以选择像素的长宽比。一般情况下保持默认设置即可。

图 2-5 设置颜色模式

图 2-6 【高级】选项

【例2-1】在 Photoshop 中根据设置新建文档。

(1) 打开 Photoshop CC，选择【文件】|【新建】命令，或按 Ctrl+N 快捷键，打开【新建】对话框，如图 2-7 所示。

(2) 在对话框的【名称】文本框中输入"电影海报"，在【宽度】和【高度】单位下拉列表中选中【厘米】，然后在【宽度】数值框中设置数值为 50，【高度】数值框中设置数值 70。在【分辨率】数值框中设置数值为 300，单击【颜色模式】下拉列表选择【CMYK 颜色】，在【背景内容】下拉列表中选择【白色】，如图 2-8 所示。

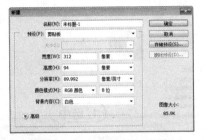

图 2-7　打开【新建】对话框

图 2-8　设置文档参数

(3) 单击【新建】对话框中的【存储预设】按钮，打开【新建文档预设】对话框。在对话框中的【预设名称】文本框中输入"海报尺寸"，然后单击【确定】按钮关闭【新建文档预设】对话框，如图 2-9 所示。

(4) 此时，单击【新建】对话框的【预设】下拉列表可以看到刚存储的文档预设，如图 2-10 所示。最后单击【确定】按钮关闭【新建】对话框创建新文档。

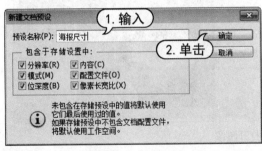

图 2-9　存储预设

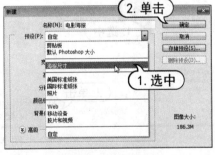

图 2-10　预设查看

②.1.2　打开图像文件

需要在 Photoshop 中处理已存在文件时，必须先将文件打开。在 Photoshop 中，有多种方法可以打开已存在的图像方法。

1. 使用【打开】命令

选择选择菜单栏中的【文件】|【打开】命令，或按 Ctrl+O 快捷键，也可以双击工作区中

的空白区域。在【打开】对话框选择需要打开的图像文件。

【例2-2】在 Photoshop 中打开图像文件。

(1) 在 Photoshop 中，选择【文件】|【打开】命令，打开【打开】对话框。在该对话框的【查找范围】下拉列表框中，可以选择所需打开图像文件的位置，如图 2-11 所示。

(2) 在【文件类型】下拉列表框中选择要打开图像文件的格式类型，此处选中 JPEG 图像格式，如图 2-12 所示。

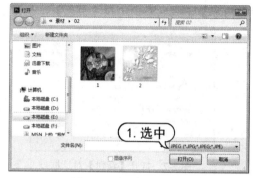

图 2-11　选择查找范围　　　　　　　　　图 2-12　选择打开文件

(3) 选中要打开的图像文件，单击【打开】按钮。此时，选中的图像文件在工作区中打开，如图 2-13 所示。

图 2-13　打开图像

2. 使用【打开为智能对象】命令

智能对象是包含栅格图像或矢量图像的数据的图层，它将保留图像的原内容及其所有原始特性，因此无法对该图层进行破坏性编辑。选择【文件】|【打开为智能对象】命令，然后在打开的对话框中选择一个文件将其打开，此时该文件将以智能对象的形式打开。

【例2-3】在 Photoshop 中将图像打开为智能对象。

(1) 在 Photoshop 中，选择【文件】|【打开为智能对象】命令，打开【打开】对话框。在对话框中，选中需要置入为智能对象的图像，然后单击【打开】按钮，如图 2-14 所示。

(2) 在打开的【打开为智能对象】对话框中，单击【缩览图大小】下拉列表，选择【大】选项，如图 2-15 所示。

<table>
<tr><td>图 2-14　打开图像文件</td><td>图 2-15　设置打开为智能对象</td></tr>
</table>

(3) 单击【确定】按钮关闭【打开为智能对象】对话框。此时，图像在工作区中打开，并在【图层】面板中的图像缩览图右下角带有智能对象标志，如图 2-16 所示。

图 2-16　打开为智能对象

3. 使用快捷命令打开

在 Photoshop 中除了使用菜单命令打开图像文件外，还可以使用快捷方式打开图像文件。打开图像文件的快捷方式主要有以下 3 种。

- 选择一个需要打开的文件，然后直接将其拖动到 Photoshop 的应用程序图标上释放即可。
- 选择一个需要打开的文件，右击鼠标，在弹出的快捷菜单中选择【打开方式】|Adobe Photoshop CC 命令即可。
- 打开 Photoshop 工作界面后，直接在 Windows 资源管理器中将文件拖动到 Photoshop 的工作区中释放即可。

②.1.3　保存图像文件

对图像所做的编辑处理，必须通过存储操作才能保存下来。在编辑过程中也需要经常进行存储操作，以防止当 Photoshop 出现意外程序错误、计算机出现程序错误或突发断电等情况时，出现操作丢失的问题。因此，在编辑过程中及时保存图像文件可以避免很多不必要的损失。

1. 使用【存储】命令

在 Photoshop 中，对于第一次存储的图像文件可以选择【文件】|【存储】命令，或按 Ctrl+S 键打开如图 2-17 所示的【另存为】对话框进行保存。在打开的对话框中，用户可以指定文件的保存位置、保存名称和文件类型。

> **提示**
>
> 如果对已打开的图像文件进行编辑后，要将修改部分保存到原文件中，也可以选择【文件】|【存储】命令，或按快捷键 Ctrl+S 键。

图 2-17 【另存为】对话框

2. 使用【存储为】命令

如果要对编辑后的图像文件以其他文件格式或文件路径进行存储，可以选择【文件】|【存储为】命令，或按 Shift+Ctrl+S 键打开【另存为】对话框进行设置，在【保存类型】下拉列表框中选择另存图像文件的文件格式，然后单击【保存】按钮。

【例 2-4】在 Photoshop 中，将已存在的图像文件以 JPEG 格式进行存储。

(1) 在 Photoshop 中，选择【文件】|【打开】命令。在【打开】对话框中选中需要打开的图像文件。单击【打开】按钮，将打开图像，如图 2-18 所示。

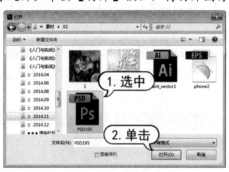

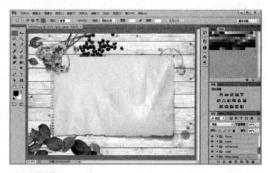

图 2-18 打开图像

(2) 选择【文件】|【存储为】命令，打开【另存为】对话框。在【文件名】文本框中输入 "Background"，单击【保存类型】下拉列表，选择 JPEG 格式，然后单击【保存】按钮以设定名称、格式存储图像文件，如图 2-19 所示。

(3) 在弹出的【JPEG 选项】对话框中可以设置保存图像的品质，然后单击【确定】按钮存储图像文件，如图 2-20 所示。

图 2-19　存储图像

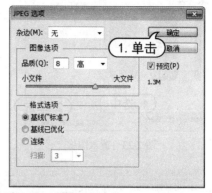

图 2-20　设置保存图像品质

2.1.4　导入与导出图像

置入文件功能可以实现 Photoshop 与其他图像编辑软件之间的数据交互。选择【文件】|【置入】命令，在打开的【置入】对话框中，用户可以选择 AI、EPS 或 PDF 等文件格式的图像文件，导入至 Photoshop 应用程序当前的图像文件窗口中。

【例 2-5】在 Photoshop 中，置入 AI 格式图像文件。

(1) 在 Photoshop 中，选择【文件】|【打开】命令，打开一幅图像文件，如图 2-21 所示。

(2) 选择【文件】|【置入】命令，打开【置入】对话框。在对话框的【查找范围】下拉列表中选择 AI 格式文件所在位置，然后选中需要置入的 AI 格式图形文件，如图 2-22 所示。

图 2-21　打开图像文件

图 2-22　选中置入文件

(3) 单击【置入】按钮打开【置入 PDF】对话框。在打开的【置入 PDF】对话框的【缩览图大小】下拉列表中选择【适合页面】，然后单击【确定】按钮，如图 2-23 所示。

(4) 置入图形文件后，将鼠标光标放置在图形上，并按住鼠标左键拖动，可以调整置入图形的位置。将鼠标光标放置在置入图形的边框上，当光标变为双向箭头时，按住 Shift+Alt 键拖动鼠标，可以按比例缩小置入的图形，如图 2-24 所示。

(5) 调整到适合位置及大小后，按 Enter 键应用置入图像，如图 2-25 所示。

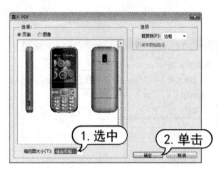

图 2-23　置入图像

图 2-24　调整置入图像

图 2-25　应用置入图像

> **提示**
>
> 　　置入文件后，置入图像将作为智能对象添加到当前操作的文件中。用户可以对置入图像进行缩放、定位、斜切、旋转或变形操作，并且不会降低图像的质量。操作完成后可以将置入图像栅格化，以减少硬件设备的负担。

②.1.5　关闭图像文件

　　同时打开几个图像文件窗口会占用一定的屏幕空间和系统资源。因此，在文件使用完毕后，可以关闭不需要的图像文件窗口。Photoshop 中提供了 4 种关闭文件的方法。

- 选择【文件】|【关闭】命令，或按 Ctrl+W 键，或单击文档窗口文件名旁的【关闭】按钮▣，可以关闭当前处于激活状态的文件。使用该方法关闭文件时，其他文件不受任何影响。
- 选择【文件】|【关闭全部】命令，或按 Alt+Ctrl+W 键，可以关闭当前工作区中打开的所有文件。
- 选择【文件】|【关闭并转到 Bridge】命令，可以关闭当前处于激活状态的文件，然后打开 Bridge 操作界面。
- 选择【文件】|【退出】命令或者单击 Photoshop 工作区右上角的【关闭】按钮 ✕，可以关闭所有文件并退出 Photoshop。

②.2　查看图像

　　在 Photoshop 中打开图像文件后，选择合适的方式查看图像可以更好地对图像进行编辑。

查看图像的方式包括缩放视图、平移视图、旋转视图以及排列图像等。

②.2.1 通过【导航器】缩放图像

使用【导航器】面板不仅可以方便地对图像文件在窗口中的显示比例进行调整，而且还可以对图像文件的显示区域进行移动选择。选择【窗口】|【导航器】命令，可以在工作界面中显示【导航器】面板。

【例2-6】使用【导航器】面板查看图像。

(1) 选择【文件】|【打开】命令，选择打开图像文件。选择【窗口】|【导航器】命令，打开【导航器】面板，如图 2-26 所示。

(2) 在【导航器】面板的缩放数值框中显示了窗口的显示比例，在数值框中输入数值可以改变显示比例，如图 2-27 所示。

图 2-26 打开【导航器】面板

图 2-27 输入显示比例

(3) 在【导航器】面板中单击【放大】按钮可放大窗口的显示比例。用户也可以使用缩放比例滑块，调整图像文件窗口的显示比例。向左移动缩放比例滑块，可以缩小画面的显示比例；向右移动缩放比例滑块，可以放大画面的显示比例。在调整画面显示比例的同时，面板中的红色矩形框大小也会进行相应地缩放，如图 2-28 所示。

(4) 当窗口中不能显示完整的图像时，将光标移至【导航器】面板的代理预览区域，光标会变为 形状。单击并拖动鼠标可以移动画面，代理预览区域内的图像会显示在文档窗口的中心，如图 2-29 所示。

图 2-28 移动比例滑块

图 2-29 调整显示区域

中文版 Photoshop CC 图像处理实用教程

②.2.2 通过【缩放】工具缩放图像

在图像编辑处理的过程中，经常需要对编辑的图像频繁地进行放大或缩小显示，以便于进行图像的编辑操作。在 Photoshop 中调整图像画面的显示，可以使用【缩放】工具、【视图】菜单中的相关命令。

使用【缩放】工具可放大或缩小图像。使用【缩放】工具时，每单击一次都会将图像放大或缩小到下一个预设百分比，并以单击的点为中心将显示区域居中。选择【缩放】工具后，可以在如图 2-30 所示的工具选项栏中通过相应的选项放大或缩小图像。

Q ▾ 🔍 🔍 □ 调整窗口大小以满屏显示 □ 缩放所有窗口 ☑ 细微缩放 100% 适合屏幕 填充屏幕

图 2-30 【缩放】工具选项栏

- 【放大】按钮/【缩小】按钮：切换缩放的方式。单击【放大】按钮可以切换到放大模式，在图像上单击可以放大图像；单击【缩小】按钮可以切换到缩小模式，在图像上单击可以缩小图像。
- 【调整窗口大小以满屏显示】复选框：选中该复选框，在缩放窗口的同时自动调整窗口的大小。
- 【缩放所有窗口】复选框：选中该复选框，可以同时缩放所有打开的文档窗口中的图像。
- 【细微缩放】复选框：选中该复选框，单击鼠标左键并左右拖动可使用【缩放】工具缩放图像。
- 100%：单击该按钮，图像以实际像素即 100%的比例显示。也可以双击缩放工具来进行同样的调整。
- 【适合屏幕】：单击该按钮，可以在窗口中最大化显示完整的图像。
- 【填充屏幕】：单击该按钮，可以使图像充满文档窗口。

【例 2-7】使用【缩放】工具查看图像。

(1) 启动 Photoshop，选择【文件】|【打开】命令，选择并打开图像文件，如图 2-31 所示。

(2) 选择【缩放】工具，然后在选项栏中设置工具的属性，单击【放大】按钮，如图 2-32 所示。

图 2-31 打开图像文件

图 2-32 设置【缩放】工具

(3) 将光标移动到文件窗口上单击，图像就会放大。每单击一次鼠标，图像都会放大到下一个 Photoshop 预设的缩放百分比，并以单击点为显示区域的中心，如图 2-33 所示。

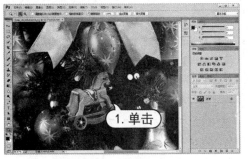

图 2-33　放大图像

提示

使用【缩放】工具缩放图像的显示比例时，使用选项栏切换放大、缩小模式并不方便，用户可以使用 Alt 键来切换。在【缩放】工具的放大模式下，按住 Alt 键就会切换成缩小模式，释放 Alt 键又可恢复为放大模式状态。

用户还可以通过选择【视图】菜单中相关命令实现。在【视图】菜单中，可以选择【放大】、【缩小】、【按屏幕大小缩放】、100%、200%或【打印尺寸】命令。还可以使用命令后显示的快捷键组合缩放图像画面的显示，如按 Ctrl++键可以放大显示图像画面；按 Ctrl+-键可以缩小显示图像画面；按 Ctrl+0 键按屏幕大小显示图像画面。

②.2.3　【抓手】工具

当图像放大到超出文件窗口的范围时，用户可以利用【抓手】工具 将被隐藏的部分拖动到文件窗口的显示范围中。在使用其他工具时，可以按住空格键切换到【抓手】工具移动图像画面，如图 2-34 所示。

图 2-34　使用【抓手】工具

②.2.4　【旋转视图】工具

Photoshop 的【旋转视图】工具可任意旋转图像的视图角度，例如要在图像上涂刷上色时，可以将图像旋转成符合自己习惯的涂刷方向，如图 2-35 所示。但是，必须启动 GPU 加速功能才能使用该工具。

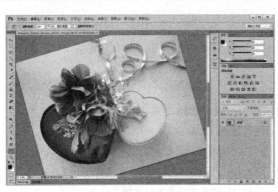

 知识点

　　【旋转视图】工具需要计算机的显卡支持 OpenGL 加速才能使用。用户可以选择【编辑】|【首选项】|【性能】命令，选中右下方的【启用 OpenGL 绘图】复选框即可。

图 2-35　使用【旋转视图】工具

②.2.5　切换屏幕模式

　　Photoshop 提供了【标准屏幕模式】、【带有菜单栏的全屏幕模式】和【全屏模式】三种屏幕模式。选择【视图】|【屏幕模式】命令，或单击工具箱底部的【更改屏幕模式】按钮，从弹出式菜单中选择所需要的模式，或直接按快捷键 F 键在屏幕模式之间进行切换。

- ◉ 【标准屏幕模式】：为 Photoshop CC 默认的显示模式。在这种模式下显示全部工作界面的组件，如图 2-36 所示。
- ◉ 【带有菜单栏的全屏模式】：显示带有菜单栏和 50%灰色背景、隐藏标题栏和滚动条的全屏窗口，如图 2-37 所示。

图 2-36　标准屏幕模式

图 2-37　带有菜单栏的全屏模式

- ◉ 【全屏模式】：在工作界面中，显示只有黑色背景的全屏窗口，隐藏标题栏、菜单栏或滚动条，如图 2-38 所示。

图 2-38　全屏模式

图 2-39　【信息】对话框

在选择【全屏模式】时，系统会弹出【信息】对话框，如图 2-39 所示。选中【不再显示】复选框，再次选择【全屏模式】时，将不再显示该对话框。在全屏模式下，两侧面板处于隐藏状态。可以将光标放置在屏幕的两侧访问面板，或者按 Tab 键显示面板。另外，在全屏模式下，按 F 键或 Esc 键可以返回标准屏幕模式。

②.2.6 图像的排列方式

在 Photoshop 中打开多幅图像文件时，只有当前编辑文件显示在工作界面中。选择【窗口】|【排列】命令下的子命令可以根据需要排列图像显示。

【例 2-8】更改图像的排列方式。

(1) 选择【文件】|【打开】命令，打在【打开】对话框中，按 Shift 键选中 4 幅图像文件，然后单击【打开】按钮打开图像文件，如图 2-40 所示。

(2) 选择【窗口】|【排列】|【使所有内容在窗口中浮动】命令，将图像文件停放状态改为浮动，如图 2-41 所示。

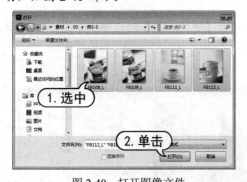

图 2-40　打开图像文件

图 2-41　浮动图像文件

(3) 选择【窗口】|【排列】|【四联】命令，将 4 幅图像文件在工作区中同时显示出来，如图 2-42 所示。

(4) 选择【抓手】工具，在选项栏中选中【滚动所有窗口】复选框，然后使用【抓手】工具在任意一幅图像文件中单击并拖动，即可改变所有打开图像文件显示区域，如图 2-43 所示。

图 2-42　排列图像文件

图 2-43　改变文件显示区域

②.3 设置图像和画布大小

实际操作中，在输出图像时，会遇到图像尺寸和分辨率的问题。例如，当图像的大小和需要输出的尺寸不匹配时，需要改变图像的大小，改变图像大小则需要增加或减少图像的部分内容，如果不改变图像的分辨率，就需要调整画布的大小。

②.3.1 查看和设置图像大小

更改图像的像素大小不仅会影响图像在屏幕上的大小，还会影响图像的质量及其打印效果。在 Photoshop 中，可以选择菜单栏中的【图像】|【图像大小】命令，打开【图像大小】对话框来调整图像的像素大小、打印尺寸和分辨率。

【例 2-9】在 Photoshop 中，更改图像文件大小。

(1) 选择菜单栏中的【文件】|【打开】命令，在【打开】对话框中选中一幅图像文件，然后单击【打开】按钮打开，如图 2-44 所示。

(2) 选择菜单栏中的【图像】|【图像大小】命令打开【图像大小】对话框，如图 2-45 所示。

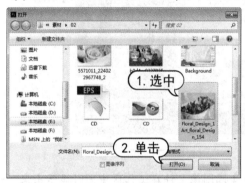

图 2-44　打开图像文件

图 2-45　打开【图像大小】对话框

(3) 在【调整为】下拉列表中选择【1024×768 像素 72ppi】选项，然后单击【图像大小】对话框中的【确定】按钮应用调整，如图 2-46 所示。

图 2-46　调整图像大小

> **知识点**
>
> 修改图像的像素大小在 Photoshop 中被称为【重新采样】。当减少像素的数量时，将从图像中删除一些信息；当增加像素的数量或增加像素取样时，将添加新的像素。在【图像大小】对话框最下面的【重新采样】列表中可以选择一种插值方法来确定添加或删除像素的方式。

②.3.2　设置画布大小

画布是指图像文件可编辑的区域。选择【图像】|【画布大小】命令可以增大或减小图像的画布大小。增大画布的大小会在现有图像画面周围添加空间。减小图像的画布大小会裁剪图像画面。

【例 2-10】在 Photoshop 中，更改图像文件画布大小。

(1) 选择菜单栏中的【文件】|【打开】命令，在【打开】对话框中选中图像文件，然后单击【打开】按钮，打开图像文件，如图 2-47 所示。

(2) 选择菜单栏中的【图像】|【画布大小】命令，可以打开【画布大小】对话框，如图 2-48 所示。

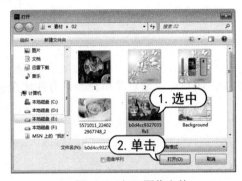

图 2-47　打开图像文件

图 2-48　打开【画布大小】对话框

(3) 在打开的【画布大小】对话框中，上部显示了图像文件当前的宽度和高度，通过在【新建大小】选项区域进行重新设置，可以改变图像文件的宽度、高度和度量单位。选中【相对】复选框，在【宽度】和【高度】数值框中分别设置 5 厘米，如图 2-49 所示。

(4) 在【定位】选项中，单击要减少或增加画面的方向按钮，可以使图像文件按设置的方向对图像画面进行删减或增加。此处不做修改。然后在【画布扩展颜色】下拉列表中选择【黑色】，如图 2-50 所示。

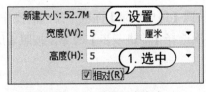

图 2-49　设置画布大小

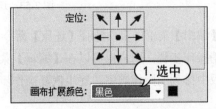

图 2-50　设置画布扩展颜色

 知识点

如果选择减小画布大小，系统会打开如图 2-51 所示的询问对话框，提示用户若要减小画布必须对原图像文件进行裁切，单击【继续】按钮将改变画布大小，同时将裁剪部分图像。

(5) 设置完成后，单击【画布大小】对话框中的【确定】按钮即可应用设置，完成对图像文件大小的调整，如图 2-52 所示。

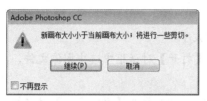

图 2-51　减小画布询问对话框

图 2-52　更改画布大小

2.4　还原与重做操作

在图像文件的编辑过程中，如果出现操作失误，用户可以通过菜单命令来方便地撤销或恢复图像处理的操作步骤。

2.4.1　通过菜单命令操作

在进行图像处理时，最近一次所执行的操作步骤在【编辑】菜单的顶部显示为【还原　操作步骤名称】。执行该命令可以立即撤销该操作步骤，此时菜单命令会转换成【重做　操作步骤名称】。选择该命令可以再次执行该操作。如图 2-53 所示。

　　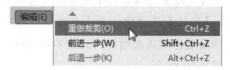

图 2-53　还原、重做命令

在【编辑】菜单中多次选择【还原】命令，可以按照【历史记录】面板中排列的操作顺序，逐步撤销操作步骤。用户也可以在【编辑】菜单中多次选择【前进一步】命令，按照【历史记录】面板中排列的操作顺序，逐步恢复操作步骤。

2.4.2　通过【历史记录】面板操作

使用【历史记录】面板，可以撤销关闭图像文件之前所进行的操作步骤，并且可以将图像文件当前的处理效果创建快照进行存储。选择【窗口】|【历史记录】命令，打开如图 2-54 所示的【历史记录】面板。

图 2-54　【历史记录】面板

- ⊙ 【从当前状态创建新文档】按钮 ：单击该按钮,基于当前操作步骤中图像的状态创建一个新的文件。
- ⊙ 【创建新快照】按钮 ：单击该按钮,基于当前的图像状态创建快照。
- ⊙ 【删除当前状态】按钮 ：选择一个操作步骤后,单击该按钮可将该步骤及其后面的操作删除。

使用【历史记录】面板还原被撤销的操作步骤,只需单击连续操作步骤中位于最后的操作步骤,即可将其前面的所有操作步骤(包括单击的该操作步骤)还原。还原被撤销操作步骤的前提是在撤销该操作步骤后不执行其他新操作步骤,否则将无法恢复被撤销的操作步骤。

在【历史记录】面板中,单击面板底部的【删除当前状态】按钮,这时会弹出 Photoshop 提示对话框询问用户是否要删除当前选中的操作步骤,单击【是】按钮即可删除指定操作步骤,如图 2-55 所示。

默认情况下,删除【历史记录】面板中的某个操作步骤后,该操作步骤下方的所有操作步骤均会同时被删除,如图 2-56 所示。

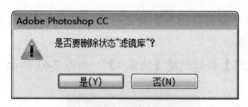

图 2-55　删除状态提示

图 2-56　删除操作步骤

如果要单独删除某一操作步骤,可以单击【历史记录】面板右上角的面板菜单按钮,从弹出的菜单中选择【历史记录选项】命令,打开【历史记录选项】对话框,如图 2-57 所示。

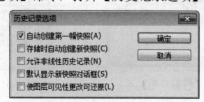

图 2-57　【历史记录选项】对话框

- ⊙ 【自动创建第一幅快照】选项：打开图像文件时,图像的初始状态自动创建为快照。
- ⊙ 【存储时自动创建新快照】选项：在编辑过程中,每保存一次文件,都会自动创建一个快照。

- 【允许非线性历史记录】选项，即可单独删除某一操作步骤，而不会影响到其他操作步骤。
- 【默认显示新快照对话框】选项：强制 Photoshop 提示操作者输入快照名称，即使使用面板上的按钮操作也是如此。
- 【使图层可见性更改可还原】选项：保存对图层可见性的更改。

【例 2-11】使用【历史记录】面板还原图像。

(1) 选择【文件】|【打开】命令，打开一幅图像文件，并按 Ctrl+J 键复制【背景】图层，如图 2-58 所示。

(2) 选择【滤镜】|【锐化】|【USM 锐化】命令，打开【USM 锐化】对话框。在该对话框中，设置【数量】为 100%，【半径】为 1.5 像素，然后单击【确定】按钮，如图 2-59 所示。

图 2-58　打开图像文件

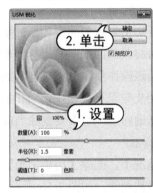
图 2-59　应用【USM 锐化】命令

(3) 在【调整】面板中，单击【创建新的色彩平衡调整图层】按钮 ，然后在【属性】面板中分别设置色阶数值为 35、-5、15，如图 2-60 所示。

(4) 在【历史记录】面板中，单击【创建新快照】按钮创建【快照 1】，如图 2-61 所示。

图 2-60　应用【色彩平衡】

图 2-61　创建新快照

(5) 按 Alt+Shift+Ctrl+E 键创建盖印图层，选择【滤镜】|【滤镜库】命令，打开【滤色库】对话框。在对话框中，单击【扭曲】命令组中的【海洋波纹】滤镜图标，设置【波纹大小】为 5，【波纹幅度】为 10，然后单击【确定】按钮应用滤镜，如图 2-62 所示。

(6) 在【历史记录】面板中，单击【快照 1】，将图像状态还原到滤镜操作之前，如图 2-63 所示。

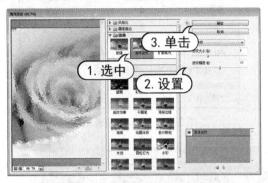

图 2-62　应用【海洋波纹】滤镜

图 2-63　单击【快照 1】

 知识点

　　【历史记录】面板中保存的操作步骤默认为 20 步，而在编辑过程中一些操作需要更多的步骤才能完成。这种情况下，用户可以将完成的重要步骤创建为快照。当操作发生错误时，可以单击某一阶段的快照，将图像恢复到该状态，以弥补历史记录保存数量的局限。

2.4.3　通过组合键操作

　　在图像编辑过程中，使用【还原】和【重做】命令快捷键，可以提高图像编辑效率。按 Ctrl+Z 键可以实现操作的还原与重做。按 Shift+Ctrl+Z 键可以前进一步图像操作，按 Alt+Ctrl+Z 键可以后退一步图像操作。

2.5　上机练习

　　本章的上机练习通过更改、存储打开的图像文件，使用户更好地掌握本章所学的图像文件打开、更改画布大小以及存储等基本操作方法。

　　(1) 选择【文件】|【打开为智能对象】命令，打开【打开】对话框。在该对话框中，选中一个 EPS 文件，然后单击【打开】按钮，如图 2-64 所示。

　　(2) 打开【栅格化 EPS 格式】对话框，设置【宽度】为 20 厘米，在【模式】下拉列表中选择【RGB 颜色】选项，然后单击【确定】按钮，如图 2-65 所示。

　　(3) 选择【图像】|【画布大小】命令打开【画布大小】对话框。在该对话框中，选中【相对】复选框，并设置【宽度】和【高度】均为 5 厘米，然后单击【确定】按钮，如图 2-66 所示。

图 2-64　打开图像文件

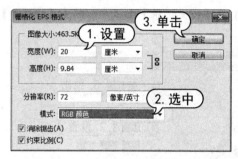

图 2-65　栅格化 EPS 格式

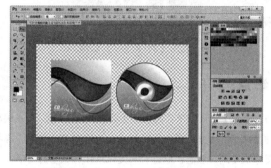

图 2-66　调整画布大小

(4) 选择【文件】|【存储为】命令，打开【另存为】对话框。在对话框的【文件名】文本框中输入 CD，在【保存类型】下拉列表中选择 JPEG 格式，然后单击【保存】按钮。在弹出的【JPEG 选项】对话框中单击【确定】按钮存储文档，如图 2-67 所示。

图 2-67　存储图像文件

②.6　习题

1. 打开素材文件夹中的任意图像文件，并使用【缩放】工具放大、缩小图像。
2. 分别使用【图像大小】和【画布大小】命令改变图像文件的大小。

创建与编辑选区

在图像编辑处理过程中，经常需要通过选区来确定编辑范围。本章主要介绍创建选区工具和命令的应用，以及选区的修改、变换、存储与载入等编辑操作方法。掌握选区的作用与应用方法，用户可以更好地进行编辑图像的操作。

本章重点

- ◉ 选区的选择
- ◉ 调整选区
- ◉ 编辑选区内图像

3.1 选区的选择

Photoshop 中的选区有两种类型：普通选区和羽化选区。普通选区的边缘较硬，当在图像上绘制或使用滤镜时，可以很容易地看到处理效果的起始点和终点。相反，羽化选区的边缘会逐渐淡化。这使编辑效果能与图像无缝地混合到一起，而不会产生明显的边缘。选区在 Photoshop 的图像文件编辑处理过程中有着非常重要的作用。选区显示时，表现为浮动虚线组成的封闭区域。当图像文件窗口中存在选区时，用户进行的编辑或操作都将只影响选区内的图像，而对选区外的图像无任何影响。

3.1.1 选区选项栏

选中任意一个选区工具，在选项栏中将显示该工具的属性。选框工具组中，相关选框工具的选项栏内容相同，主要有【羽化】、【消除锯齿】以及【样式】等选项，下面以【矩形选框】

工具选项栏为例来讲解各选项的含义及用法，如图 3-1 所示。

图 3-1　选框工具选项栏

- ◉ 【新选区】：单击该按钮，使用选区工具在图形中创建选区时，新创建的选区将替代原有的选区。
- ◉ 【添加到选区】：单击该按钮，使用选框工具在画布中创建选区时，如果当前画布中存在选区，鼠标光标将变成┿形状。此时绘制新选区，新建的选区将与原来的选区合并成为新的选区。
- ◉ 【从选区减去】：单击该按钮，使用选框工具在图形中创建选区时，如果当前画布中存在选区，鼠标光标变为┿形状。此时如果新创建的选区与原来的选区有相交部分，将从原选区中减去相交的部分，余下的选择区域作为新的选区。
- ◉ 【与选区交叉】：单击该按钮，使用选框工具在图形中创建选区时，如果当前画布中存在选区，鼠标光标将变成┿形状。此时如果新创建的选区与原来的选区有相交部分，结果会将相交的部分作为新的选区。
- ◉ 【羽化】：在数值框中输入数值，可以设置选区的羽化程度。对被羽化的选区填充颜色或图案后，选区内外的颜色柔和过渡，数值越大，柔和效果越明显。
- ◉ 【消除锯齿】：图像是由像素点构成，而像素点是方形的，所以在编辑和修改圆形或弧形图形时，其边缘会出现锯齿效果。选中该复选框，可以消除选区锯齿，平滑选区边缘。
- ◉ 【样式】：在【样式】下拉列表中可以选择创建选区时选区的样式。包括【正常】、【固定比例】和【固定大小】3 个选项。【正常】为默认选项，可在操作文件中随意创建任意大小的选区；选择【固定比例】选项后，【宽度】及【高度】文本框被激活，在其中输入选区【宽度】和【高度】的比例，可以得到固定比例的选区；选择【固定大小】选项后，【宽度】和【高度】文本框被激活，在其中输入选区宽度和高度的像素值，可以得到固定像素值的选区。

③.1.2　选框工具

对于图像中的规则形状，如矩形、圆形等对象来说，使用 Photoshop 提供的选框工具创建选区是最直接、最方便的选择。按住工具箱中的【矩形选框】工具，弹出的工具菜单中包括创建基本选区的各种选框工具。其中【矩形选框】工具与【椭圆选框】工具是最为常用的选框工具，用于选取较为规则的选区。【单行选框】工具与【单列选框】工具则用来创建直线选区。

对于【矩形选框】工具和【椭圆选框】工具而言，直接将鼠标移动到当前图像中，在合适的位置按下鼠标，在不释放鼠标的情况下拖动鼠标至合适的位置后，释放鼠标即可创建一个矩形或椭圆选区，如图 3-2 所示。

图 3-2　使用【矩形选框】工具和【椭圆选框】工具

 知识点

　　【矩形选框】和【椭圆选框】工具操作方法相同，在绘制选区时，按住 Shift 键可以绘制正方形或正圆形选区；按住 Alt 键以鼠标单击点为中心绘制矩形或椭圆选区；按住 Alt+Shift 键以鼠标单击点为中心绘制正方形或正圆选区。

　　对于【单行选框】工具和【单列选框】工具，选择该工具后在画布中直接单击鼠标，即可创建宽度为 1 像素的行或列选区。

3.1.3　【套索】工具

　　【套索】工具以拖动光标的手绘方式创建选区范围，实际上就是根据光标的移动轨迹创建选区范围，如图 3-2 所示。该工具特别适用于对选取精度要求不高的操作。

图 3-3　使用【套索】工具

3.1.4　【多边形套索】工具

　　【多边形套索】工具通过绘制多个直线段并连接，最终闭合线段区域后创建出选区范围。该工具适用于对精度有一定要求的操作。

图 3-4　使用【多边形套索】工具

③.1.5　【磁性套索】工具

【磁性套索】工具通过画面中颜色的对比自动识别对象的边缘，绘制出由连接点形成的连接线段，最终闭合线段区域后创建出选区范围。该工具特别适用于选取背景对比强烈且边缘复杂对象的选区范围。

【例 3-1】使用【磁性套索】工具创建选区。

(1) 在 Photoshop 中，选择【文件】|【打开】命令选择并打开一幅图像文件，如图 3-5 所示。

(2) 选择【磁性套索】工具，在选项栏中，【宽度】用于指定检测宽度，将【宽度】设为 5 像素，在鼠标拖动过程中，可以在光标两侧指定范围内检测与背景反差最大的边缘。【对比度】指定套索工具对图像边缘的灵敏度，设置【对比度】数值为 10%，较高的数值将只检测与其周边对比鲜明的边缘，较低的数值将检测低对比度边缘。【频率】用于指定套索工具以什么频度设置节点，在【频率】位置框中输入 60，较高的数值会更快地固定选区边框。如图 3-6 所示。

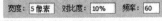

图 3-5　打开图像文件　　　　　　　　　　图 3-6　设置【磁性套索】工具

(3) 设置完成后，在图像文件中单击创建起始点，然后沿图像文件中云朵对象的边缘拖动鼠标，自动创建路径。当鼠标回到起始点位置时，套索工具旁出现一个小圆圈标志，此时，单击鼠标可以闭合路径创建选区，如图 3-7 所示。

图 3-7　创建选区

③.1.6　【魔棒】工具

【魔棒】工具是根据颜色分布情况创建选区。用户只需在所要操作的颜色上单击，Photoshop
就会自动将图像中包含单位位置颜色的部分作为选区进行创建。在如图 3-8 所示的【魔棒】工
具选项栏中，【容差】数值框用于设置颜色选择范围的误差值，容差值越大，所选择的颜色范
围越大；【消除锯齿】复选框用于创建边缘较平滑的选区；【连续】复选框用于设置是否在选
择颜色选区范围时，对整个图像中所有符合该单击颜色范围的颜色进行选择；选中【对所有图
层取样】复选框可以对图像文件中所有图层中的图像进行操作。

| 🪄 ▾ | ■ 🗗 🗗 🗗 | 取样大小： | 取样点 | ⬦ | 容差： | 32 | ☑ 消除锯齿 | ☑ 连续 | ☐ 对所有图层取样 | 调整边缘 … |

图 3-8　【魔棒】工具选项栏

【例 3-2】使用【魔棒】工具创建选区。

(1) 选择【文件】|【打开】命令，选择打开一幅图像文件，如图 3-9 所示。

(2) 选择【魔棒】工具，在选项栏中单击【添加到选区】按钮，设置【容差】数值为 30。
然后使用【魔棒】工具在图像画面背景中单击创建选区，如图 3-10 所示。

图 3-9　打开图像文件

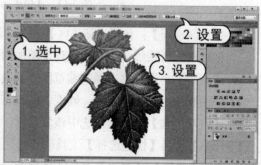

图 3-10　使用【魔棒】工具

(3) 选择【选择】|【选取相似】命令，并选择【编辑】|【填充】命令，打开【填充】对话
框。在对话框中的【使用】下拉列表中选择【颜色】选项。在打开的【拾色器(填充颜色)】对
话框中设置颜色 RGB=204、255、0，然后单击【确定】按钮，如图 3-11 所示。

(4) 单击【确定】按钮关闭【填充】对话框填充选区，并按 Ctrl+D 键取消选区，如图 3-12
所示。

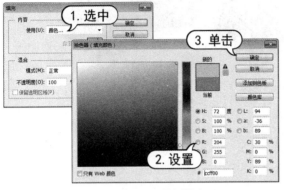

图 3-11　设置填充　　　　　　　　　图 3-12　填充选区

③.1.7　【快速选择】工具

　　【快速选择】工具结合了【魔棒】工具和【画笔】工具的特点，以画笔绘制的方式在图像
中拖动创建选区。【快速选择】工具会自动调整所绘制的选区大小，并寻找到边缘使其与选区
分离。结合 Photoshop 中的调整边缘功能可获得更加准确的选区。

　　使用【快速选择】工具比较适合选择图像和背景相差较大的图像，在扩大颜色范围，连续
选取时，其自由操作性相当高。要创建准确的选区首先需要在如图所示的选项栏中进行设置，
特别是画笔预设选取器的各个选项。

图 3-13　【快速选择】工具选项栏

- 【选区选项】：包括【新选区】、【添加到选区】和【从选区减去】3 个按钮。
  创建选区后系统会自动切换到【添加到选区】的状态。
- 【画笔】：通过单击画笔缩览图或者其右侧的下拉按钮打开画笔选项面板。在画笔选
  项面板中可以设置直径、硬度、间距、角度、圆度或大小等参数。
- 【自动增强】复选框：选中该复选框，将减少选区边界的粗糙度和块效应。

　　【例 3-3】使用【快速选择】工具创建选区。

　　(1) 选择【文件】|【打开】命令选择打开一幅图像文件，如图 3-14 所示。

　　(2) 选择【快速选择】工具，在选项栏中单击【添加到选区】按钮，再单击打开【画笔】
选取器，在打开的下拉面板中设置【大小】为 25 像素，【间距】为 1%，或直接拖动其滑块，
可以更改【快速选择】工具的画笔笔尖大小，如图 3-15 所示。

　　(3) 使用【快速选择】工具，在图像文件的背景区域中拖动创建选区，然后按 Shift+Ctrl+I
键反选选区，并按 Ctrl+C 键复制图像，如图 3-16 所示。

图 3-14 打开图像文件

图 3-15 设置【快速选择】工具

(4) 选择【文件】|【打开】命令，打开另一幅图像文件，如图 3-17 所示。

图 3-16 创建选区

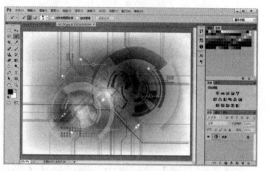

图 3-17 打开图像文件

(5) 选择【编辑】|【粘贴】命令，粘贴复制的图像。按 Ctrl+T 键应用【自由变换】命令，调整贴入的图像大小，然后按 Enter 键应用调整，如图 3-18 所示。

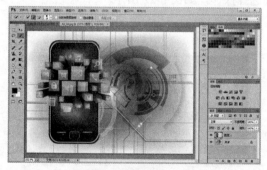

图 3-18 粘贴图像

知识点

在创建选区时，如需要调节画笔大小，按键盘上的右方括号键]可以增大快速选择工具的画笔笔尖；按左方括号键[可以减小快速选择工具画笔笔尖的大小。

3.1.8 【色彩范围】命令

在 Photoshop 中，使用【色彩范围】命令可以根据图像的颜色变化关系来创建选区。使用【色彩范围】命令可以选定一个标准色彩，或使用吸管工具吸取一种颜色，然后在容差设定允许的范围内，图像中所有在该范围的色彩区域都将成为选区。

【色彩范围】命令适合在颜色对比度大的图像上创建选区。其操作原理和【魔棒】工具基

本相同。不同的是,【色彩范围】命令能更清晰地显示选区的内容,并且可以按照通道选择选区。选择【选择】|【色彩范围】命令,打开如图 3-19 所示的【色彩范围】对话框。

在【色彩范围】对话框的【选择】下拉列表框中,可以指定选中图像中的红、黄、绿等颜色范围,也可以根据图像颜色的亮度特性选择图像中的高亮部分,中间色调区域或较暗的颜色区域,如图 3-20 所示。选择该下拉列表框中的【取样颜色】选项,可以直接在对话框的预览区域中单击选择所需颜色,也可以在图像文件窗口中单击进行选择操作。

图 3-19　【色彩范围】对话框　　　　　　图 3-20　【选择】下拉列表

在【色彩范围】对话框中,通过移动【颜色容差】选项的滑块或在其文本框中输入数值的方法,可以调整颜色容差的参数,如图 3-21 所示。

在【色彩范围】对话框中,选中【选择范围】或【图像】单选按钮,可以在预览区域预览选择的颜色区域范围,或者预览整个图像以进行选择操作,如图 3-22 所示。

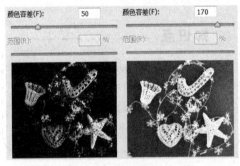
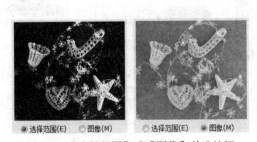

图 3-21　【颜色容差】选项　　　　　　图 3-22　【选择范围】或【图像】单选按钮

通过选择【选区预览】下拉列表框中的相关预览方式,可以预览操作时图像文件窗口的选区效果,如图 3-23 所示。

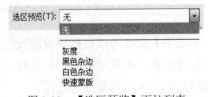

图 3-23　【选区预览】下拉列表

【例3-4】使用【色彩范围】命令创建选区。

(1) 选择【文件】|【打开】命令，打开一幅图像文件，如图3-24所示。

(2) 选择【选择】|【色彩范围】命令，设置【颜色容差】为145，在【选区预览】下拉列表中选择【白色杂边】选项，然后使用【吸管】工具在图像文件中单击，如图3-25所示。

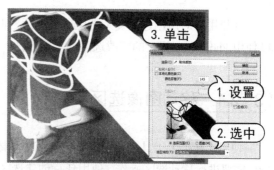

图3-24 打开图像文件　　　　　图3-25 使用【色彩范围】命令

(3) 在【色彩范围】对话框中，单击【添加到取样】按钮，继续在图像中单击添加选区，然后单击【确定】按钮关闭对话框，在图像文件中创建选区，如图3-26所示。

(4) 在【调整】面板中，单击【设置新的可选颜色调整图层】按钮，在打开的【属性】面板中，设置【红色】选项中的【青色】数值为-100、【洋红】数值为-100、【黄色】数值为100，如图3-27所示。

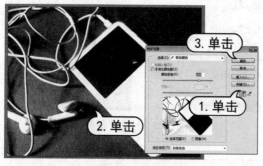
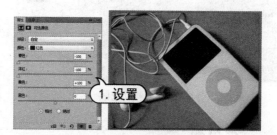

图3-26 创建选区　　　　　　　　图3-27 变换颜色

③.1.9 选区基本命令

在打开【选择】菜单后，最上端包括了4个常用的简单操作命令。

- ⊙ 选择【选择】|【全部】命令，或按下Ctrl+A快捷键，可以选择当前文件中的全部图像内容。

- ⊙ 选择【选择】|【反向】命令，或按下Shift+Ctrl+I快捷键可以反转已创建的选区，即选择图像中未选中的部分。

- ⊙ 选择【选择】|【取消选择】命令，或按下Ctrl+D快捷键，可以取消创建的选区。

◎ 选择【选择】|【重新选择】命令，可以恢复前一选区范围。

③.2 调整选区

如果用户对所创建的复杂选区不太满意，但只要通过简单的调整即可满足要求，此时就可以使用 Photoshop 提供的修改选区的多种方法。

③.2.1 移动图像选区

使用【选框】工具、【套索】工具或【魔棒】工具创建选区后，选区可能未处于合适的位置，需要进行移动选区操作。使用任意创建选区的工具创建选区后，在选项栏中单击【新选区】按钮，再将光标置于选区中，当光标变成白色箭头时，拖动鼠标即可移动选区，如图 3-28 所示。

复制选区主要通过使用【移动】工具以及结合快捷键的使用。在使用【移动】工具时，按住 Ctrl+Alt 键，当光标显示为 ▶ 状态时，可以移动并复制选区内的图像，如图 3-29 所示。

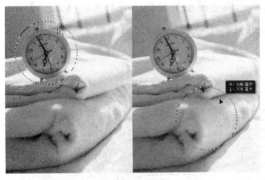

图 3-28　移动选区

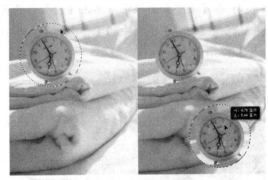

图 3-29　移动并复制选区

> **知识点**
>
> 除此之外，用户也可以通过键盘上的方向键，将对象以 1 个像素的距离移动；如果按住 Shift 键，再按方向键，则每次可以移动 10 个像素的距离。

③.2.2 增加选区边界

【边界】命令可以将选区的边界向内部收缩或向外部扩展，扩展后的边界与原来的边界形成新的选区。选择【选择】|【修改】|【边界】命令，可以打开【边界选区】对话框。该对话框中的【宽度】数值用于设置选区扩展的像素值。使用【边界】命令调整选区效果如图 3-30 所示。

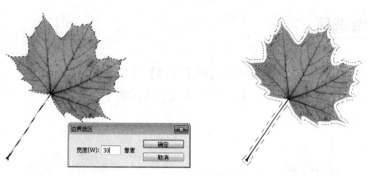

图 3-30　使用【边界】命令

③.2.3　扩展和收缩图像选区

【扩展】命令用于扩展选区范围。选择【选择】|【修改】|【扩展】命令，打开【扩展选区】对话框，设置【扩展量】数值可以扩展选区。其数值越大，选区向外扩展的范围就越广。使用【扩展】命令调整选区效果如图 3-31 所示。

图 3-31　使用【扩展】命令

【收缩】命令与【扩展】命令相反，用于收缩选区范围。选择【选择】|【修改】|【收缩】命令，打开【收缩选区】对话框，通过设置【收缩量】数值可以缩小选区。其数值越大，选区向内收缩的范围就越大。使用【收缩】命令调整选区效果如图 3-32 所示。

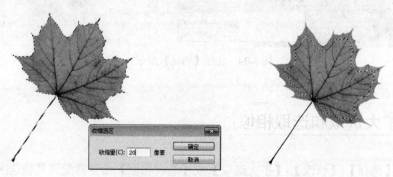

图 3-32　使用【收缩】命令

③.2.4 平滑选区

【平滑】命令用于平滑选区的边缘。选择【选择】|【修改】|【平滑】命令，打开【平滑选区】对话框。对话框中的【取样半径】数值用来设置选区的平滑范围。使用【平滑】命令调整选区效果如图 3-33 所示。

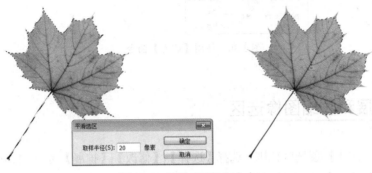

计算机
基础与实训教材系列

图 3-33　使用【平滑】命令

③.2.5 羽化选区

【羽化】命令用于通过扩展选区轮廓周围的像素区域达到柔和边缘效果。选择【选择】|【修改】|【羽化】命令，打开【羽化选区】对话框。通过【羽化半径】数值可以控制羽化范围的大小。当对选区应用填充、裁剪等操作时，可以看出羽化效果。使用【羽化】命令调整选区效果如图 3-34 所示。

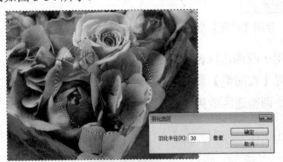

图 3-34　使用【羽化】命令

③.2.6 扩大选取和选取相似

- ◉ 选择【选择】|【修改】|【扩大选取】或【选取相似】命令常配合其他选区工具使用。
- ◉ 【扩大选取】命令用于添加与当前选区颜色相似且位于选区附近的所有像素。可以通过在魔棒工具的选项栏中设置容差值扩大选取，容差值决定了扩大选取时颜色取样的范围。容差值越大，扩大选取时的颜色取样范围越大。

- ⊙ 【选取相似】命令主要用于将所有不相邻区域内相似颜色的图像全部选取，从而弥补只能选取相邻的相似色彩像素的缺陷。

③.2.7 调整选区边缘

调整边缘的作用就是对选区边缘进行灵活地调整，提高选区边缘的品质并允许用户对照不同的背景查看选区以便轻松编辑。使用选框工具、套索工具、魔棒工具和快速选择工具都会在选项栏中出现【调整边缘】按钮。选择【选择】|【调整边缘】命令，或在选择了一种选区创建工具后，单击选项栏上的【调整边缘】按钮，即可打开【调整边缘】对话框，如图 3-35 所示。在该对话框中包含【半径】、【对比度】、【平滑】以及【羽化】等参数。

- ⊙ 【视图模式】：用户可以根据不同的需要从下拉列表中选择最合适的预览方式，如图 3-36 所示。

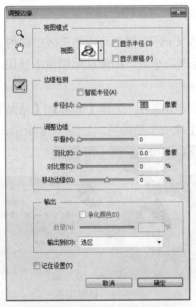

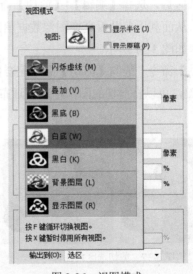

图 3-35 【调整边缘】对话框   图 3-36 视图模式

- ⊙ 【半径】：此参数可以微调选区与图像边缘之间的距离，数值越大，选区会越精确地靠近图像边缘。
- ⊙ 【平滑】：当创建的选区边缘非常生硬，甚至有明显的锯齿时，可使用此选项进行柔化处理。
- ⊙ 【羽化】：此参数与【羽化】命令的功能基本相同，用于柔化选区边缘。
- ⊙ 【对比度】：设置此参数可以调整边缘的虚化程度，数值越大则边缘越锐利。通常可以创建比较精确的选区。

- 【移动边缘】：该参数与【收缩】和【扩展】命令的功能基本相同，使用负值向内移动柔化边缘的边框，使用正值向外移动边框。
- 【输出到】决定调整后的选区是变为当前图层上的选区或蒙版，还是生成一个新图层或文档。

3.3　编辑选区内图像

新建选区后还需要对选区进一步编辑处理，以达到所需的效果。

3.3.1　剪切、复制、粘贴图像

在 Photoshop 中不仅可以快捷地完成选区内图像的复制和粘贴，还可以对图像进行原位置粘贴、合并复制等特殊操作。

1．剪切与粘贴

创建选区后，选择【编辑】|【剪切】命令，或按 Ctrl+X 键，可以将选区中的内容剪切到剪贴板上，从而利用剪贴板交换图像数据信息。执行该命令后，图像从原图像中剪切，并以背景色填充，如图 3-37 所示。

【粘贴】命令一般与【剪切】命令配合使用。剪切图像后，选择【编辑】|【粘贴】命令或按 Ctrl+V 键，可以将剪切的图像粘贴到画布中，并生成一个新图层，如图 3-38 所示。

图 3-37　剪切选区内图像　　　　　　　　　　图 3-38　粘贴图像

用户还可以将剪贴板中的内容原位粘贴或粘贴到另一个选区的内部或外部。

- 选择【编辑】|【选择性粘贴】|【原位粘贴】命令可粘贴剪贴板中的图像至当前图像文件原位置，并生成新图层。
- 选择【编辑】|【选择性粘贴】|【贴入】命令可以粘贴剪贴板中的图像至当前图像文件窗口显示的选区内，并且自动创建一个带有图层蒙版的新图层，放置剪切或拷贝的图像内容。
- 选择【编辑】|【选择性粘贴】|【外部粘贴】命令可以粘贴剪贴板中的图像至当前图像文件窗口显示的选区外，并且自动创建一个带有图层蒙版的新图层。

【例3-5】使用【选择性粘贴】命令拼合图像效果。

(1) 选择【文件】|【打开】命令，打开 background.jpg 图像文件。按 Ctrl+A 键全选图像，并按 Ctrl+C 键复制图像，如图 3-39 所示。

(2) 选择【文件】|【打开】命令，打开 1.tif 图像文件。选择【魔棒】工具，在选项栏中单击【添加到选区】按钮，然后在图像中灰色区域单击创建选区，如图 3-40 所示。

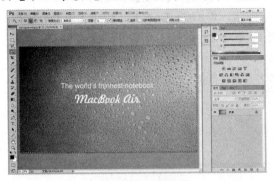

图 3-39　复制图像　　　　　　　　图 3-40　创建选区

(3) 选择【编辑】|【选择性粘贴】|【贴入】命令将复制的图像贴入选区内，并按 Ctrl+T 键应用【自由变换】命令调整图像大小，如图 3-41 所示。

图 3-41　贴入并调整图像

2. 拷贝与合并拷贝

创建选区后，选择【编辑】|【拷贝】命令，或按 Ctrl+C 键，可将选区内图像复制到剪贴板中。要想复制当前所有图层中图像至剪贴板中，可选择【编辑】|【合并拷贝】命令，按 Shift+Ctrl+C 键。

③.3.2　描边图像选区

使用【描边】命令可以使用当前前景色描绘选区的边缘。选择【编辑】|【描边】命令，打开如图 3-42 所示的【描边】对话框。

计算机基础与实训教材系列

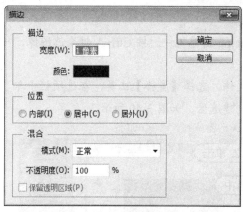

图 3-42 【描边】对话框

计算机基础与实训教材系列

知识点

【描边】选项区中在【宽度】选项中可以设置描边的宽度,其取值范围为1~250像素。单击【颜色】选项右侧的色板,打开【拾色器】对话框可设置描边颜色。【位置】选项区用于选择描边的位置,其中包括【内部】、【居中】和【居外】3个选项。【混合】选项用来设置描边的混合模式和不透明度。选中【保留透明区域】复选框可以只对包含像素的区域描边。

③.3.3 变换图像选区

创建选区后,选择【选择】|【变换选区】命令,或在选区内单击鼠标右键,在弹出的快捷菜单中选择【变换选区】命令,然后把光标移动到选区内,当光标变为▸形时,即可按住鼠标左键拖动选区。

除了可以移动选区外,使用【变换选区】命令还可以改变选区的形状,如对选区进行缩放、旋转和扭曲等。在变换选区时,直接通过拖动定界框的手柄可以调整选区,还可以配合 Shift、Alt 和 Ctrl 键的使用。

【例3-6】使用【变换选区】命令调整图像效果。

(1) 在 Photoshop 中,选择【文件】|【打开】命令打开两幅素材图像文件,如图 3-43 所示。

图 3-43 打开图像

(2) 选中静物图像,然后选择【矩形选框】工具,在选项栏中设置【羽化】数值为 50 像素,并在图像中拖动创建矩形选区,如图 3-44 所示。

(3) 选择【选择】|【变换选区】命令,在选项栏中,单击【在自由变换和变形模式之间切换】按钮圖。当出现控制框后调整选区,如图 3-45 所示。

（4）选区调整完成后，按 Enter 键应用变换，并选择【选择】|【反向】命令反选选区，如图 3-46 所示。

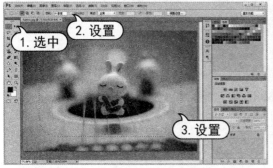

图 3-44 创建选区　　　　　　　　　　　　　　图 3-45 变换选区

（5）选中背景底纹图像，选择【选择】|【全部】命令全选图像，并选择【编辑】|【拷贝】命令，如图 3-47 所示。

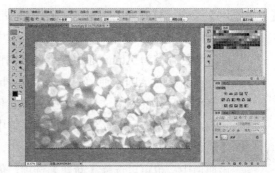

图 3-46 反选选区　　　　　　　　　　　　　　图 3-47 拷贝图像

（6）再次选中静物图像，选择【编辑】|【选择性粘贴】|【贴入】命令，并按 Ctrl+T 键应用【自由变换】命令调整贴入图像大小，如图 3-48 所示。

（7）在【图层】面板中，设置【图层 1】图层的【不透明度】为 65%，如图 3-49 所示。

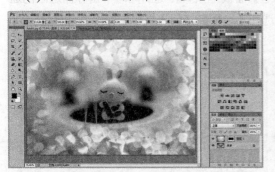

图 3-48 粘贴图像　　　　　　　　　　　　　　图 3-49 设置图层

（8）在【调整】面板中，单击【创建新的色彩平衡调整图层】按钮，在打开的【属性】面板中，设置中间调数值为 55、0、0，如图 3-50 所示。

计算机 基础与实训教材系列

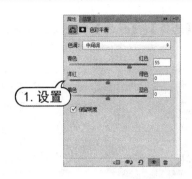 

图 3-50　调整颜色

③.3.4　保存和载入图像选区

在 Photoshop 中，可以通过存储和载入选区使选区重复应用到不同的图像中。创建选区后，用户可以选择【选择】|【存储选区】命令，也可以在选区上右击，打开快捷菜单，选择其中的【存储选区】命令，打开如图 3-51 所示的【存储选区】对话框。

- 【文档】下拉列表框：在该下拉列表框中，选择【新建】选项，创建新的图像文件，并将选区存储为 Alpha 通道保存在该图像文件中；选择当前图像文件名称可以将选区保存在新建的 Alpha 通道中。如果在 Photoshop 中还打开了与当前图像文件具有相同分辨率和尺寸的图像文件，这些图像文件名称也将显示在【文档】下拉列表中。选择它们，就会将选区保存到这些图像文件中新创建的 Alpha 通道内。
- 【通道】下拉列表框：在该下拉列表中，可以选择创建的 Alpha 通道，将选区添加到该通道中；也可以选择【新建】选项，创建一个新通道并为其命名，然后进行保存。
- 【操作】选项区域：用于选择通道处理方式。如果选择新创建的通道，那么只能将选中【新建通道】单选按钮；如果选择已经创建的 Alpha 通道，那么还可以选中【添加到通道】、【从通道中减去】和【与通道交叉】这 3 个单选按钮。

选择【选择】|【载入选区】命令，或在【通道】面板中按 Ctrl 键的同时单击存储选区的通道蒙版缩览图，即可重新载入存储起来的选区。选择【选择】|【载入选区】命令后，Photoshop 会打开如图 3-52 所示的【载入选区】对话框。

图 3-51　【存储选区】对话框　　　　图 3-52　【载入选区】对话框

【载入选区】对话框与【存储选区】对话框中的参数选项基本相同，只是增加了一个【反相】复选框。如果启用该复选框，那么会将保存在 Alpha 通道中的选区反选并载入图像文件窗口中。

3.4 上机练习

本章的上机练习通过使用通道抠取照片中人物的发丝为例，使用户更好地掌握选区创建与编辑的基本操作方法和技巧。

(1) 选择【文件】|【打开】命令，打开照片文件，并按 Ctrl+J 键复制【背景】图层，如图 3-53 所示。

(2) 打开【通道】面板，将【蓝】通道拖动至【创建新通道】按钮上，创建【蓝副本】通道。选择【图像】|【调整】|【色阶】命令，打开【色阶】对话框。设置输入色阶数值为 146、0.5、255，然后单击【确定】按钮，如图 3-54 所示。

图 3-53 打开图像

图 3-54 创建新通道

(3) 选择【画笔】工具，设置前景色为黑色，在图像中对需要抠出的区域进行涂抹，如图 3-55 所示。

(4) 按 Ctrl+L 键打开【色阶】对话框，设置输入色阶为 0、1.49、145，然后单击【确定】按钮，如图 3-56 所示。

图 3-55 使用【画笔】工具

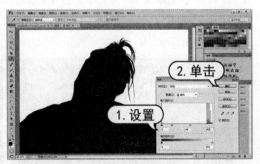

图 3-56 使用【色阶】命令

(5) 选择【魔棒】工具，在涂抹好的黑色区域单击创建选区，如图 3-57 所示。

(6) 单击【通道】面板中的 RGB 通道，打开【图层】面板，单击【创建新图层】按钮，生成【图层 2】，如图 3-58 所示。

计算机 基础与实训教材系列

图 3-57　创建选区

图 3-58　新建图层

(7) 选择【选择】|【修改】|【扩展】命令，打开【扩展选区】对话框。在该对话框中，设置【扩展量】为 1 像素，然后单击【确定】按钮，如图 3-59 所示。

(8) 按 Shift+Ctrl+I 键反选选区，在【色板】面板中单击"蜡笔洋红红"色板，然后选择【油漆桶】工具在选区内单击。填充完成后，按 Ctrl+D 键取消选区，如图 3-60 所示。

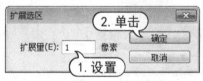

图 3-59　扩展选区

图 3-60　填充选区

3.5　习题

1. 打开任意图像文件，练习使用【套索】工具创建选区。

2. 打开任意图像文件，使用【椭圆选框】工具创建选区，并结合【边界】命令创建边框效果，如图 3-61 所示。

图 3-61　创建边框

第4章

修饰与美化工具的应用

学习目标

修饰美化图像是在 Photoshop 中应用领域最为广泛的功能之一。Photoshop 提供的修饰、修复以及美化工具，可以使用户获得更加优质的图像画面。本章主要介绍 Photoshop CC 应用程序中提供的各种修复、修饰等工具的使用方法及技巧。

本章重点

- ◉ 图像的裁剪
- ◉ 图像的变换
- ◉ 修复工具
- ◉ 图章工具
- ◉ 润饰工具

4.1 图像的裁剪

在对数码照片或扫描的图像进行处理时，经常会裁剪图像，以保留需要的部分，删除不需要的内容。在实际的编辑操作中，除了利用【图像大小】和【画布大小】命令修改图像外，还可以使用【裁剪】工具、【裁剪】命令和【裁切】命令裁剪图像。

4.1.1 【裁剪】工具

使用【裁剪】工具可以裁剪掉多余的图像，并重新定义画布的大小。选择【裁剪】工具后，在画面中调整裁剪框，以确定需要保留的部分，或拖拽出一个新的裁切区域，然后按 Enter 键或双击完成裁剪。选择【裁剪】工具后，可以在如图 4-1 所示的选项栏中设置裁剪方式。

图 4-1　【裁剪】工具选项栏

- 比例　选择预设长宽比或裁剪尺寸：在该下拉列表中，可以选择多种预设的裁切比例。
- 清除　清除：单击该按钮，可以清除长宽比值。
- 拉直：通过在图像上画一条直线来拉直图像。
- 叠加选项：在该下拉列表中可以选择裁剪的参考线的方式，包括三等分、网格、对角、三角形、黄金比例以及金色螺线等，如图 4-2 所示。也可以设置参考线的叠加显示方式。
- 设置其他裁切选项：在该下拉面板中可以对裁切的其他参数进行设置，如可以使用静电模式，或设置裁剪屏蔽的颜色、透明度等参数，如图 4-3 所示。

图 4-2　叠加选项

图 4-3　设置其他裁切选项

- 【删除裁剪的像素】：确定是否保留或删除裁剪框外部的像素数据。如果取消选中该复选框，多余的区域可以处于隐藏状态；如果要还原裁切之前的画面，只需要再次选择【裁剪】工具，然后随意操作即可看到原文档。

【例 4-1】使用【裁剪】工具裁剪图像。

(1) 选择【文件】|【打开】命令，打开一幅图像文件，如图 4-4 所示。

(2) 选择【裁剪】工具，在选项栏中，选择预设长宽比【5:7】，单击叠加选项按钮，在弹出的下拉列表中选择【三角形】选项，如图 4-5 所示。

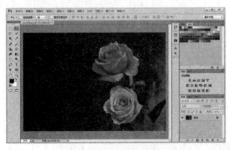

图 4-4　打开图像文件

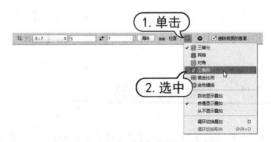

图 4-5　设置【裁剪】工具

(3) 将光标移动至裁剪框内，单击并按住鼠标拖动调整裁剪框内保留图像，如图 4-6 所示。

(4) 调整完成后，单击选项栏中的【提交当前裁剪操作】按钮☑️，或按 Enter 键即可裁剪图像画面，如图 4-7 所示。

图 4-6　调整裁剪框

图 4-7　裁剪图像

④.1.2　【裁剪】和【裁切】命令的使用

　　【裁剪】命令的使用非常简单，将要保留的图像部分用选框工具选中，然后选择【图像】|【裁剪】命令即可，如图 4-8 所示。裁剪的结果只能是矩形，如果选中的图像部分是圆形或其他不规则形状，然后选择【裁剪】命令后，会根据圆形或其他不规则形状的大小自动创建矩形。

图 4-8　使用【裁剪】命令

　　使用【裁切】命令可以基于像素的颜色来裁剪图像。选择【图像】|【裁切】命令，可以打开如图 4-9 所示的【裁切】对话框。

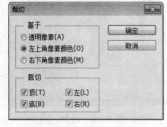

图 4-9　【裁切】对话框

 提示

　　在图像中创建选区后，选择【编辑】|【清除】命令，或按 Delete 键，可以清除选区内的图像。如果清除的是【背景】图层上的图像，被清除的区域将填充背景色。

● 【透明像素】：可以裁剪掉图像边缘的透明区域，只将非透明像素区域的最小图像保留下来。该选项只有图像中存在透明区域时才可用。

● 【左上角像素颜色】：从图像中删除左上角像素颜色的区域。

● 【右下角像素颜色】：从图像中删除右下角像素颜色的区域。

● 【顶】/【底】/【左】/【右】：设置修整图像区域的方式。

④.1.3 【透视裁剪】工具

使用【透视裁剪】工具可以在需要裁剪的图像上制作出带有透视感的裁剪框，在应用裁剪后可以使图像带有明显的透视感。

【例4-2】使用【透视裁剪】工具裁剪图像。

(1) 选择【文件】|【打开】命令，打开一幅图像文件，如图4-10所示。

(2) 选择【透视裁剪】工具，在图像上拖动创建裁剪框，如图4-11所示。

 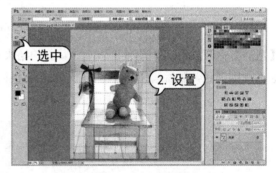

图4-10　打开图像文件　　　　　　　　图4-11　创建裁剪框

(3) 将光标移动到裁剪框的一个控制点上，并调整其位置。使用相同的方法调整其他控制点，如图4-12所示。

(4) 调整完成后，单击选项栏中的【提交当前裁剪操作】按钮☑，或按Enter键，即可得到带有透视感的画面效果，如图4-13所示。

图4-12　调整裁剪框　　　　　　　　　图4-13　裁剪图像

④.2 图像的变换

利用【变换】和【自由变换】命令可以对整个图层、图层中选中的部分区域、多个图层、图层蒙版，甚至路径、矢量图形、选择范围和 Alpha 通道进行缩放、旋转、斜切和透视等操作。

在执行变换过程中，会涉及像素的增加或减少，像素值的运算原则是由【编辑】|【首选项】|【常规】命令对话框中的【图像插值】方式决定的。默认的情况是选择【两次立方】选项，虽然运算速度慢一些，但可产生较好的效果。

④.2.1 设定变换的参考点

所有的变换操作都是以一个固定点为参考的。默认情况下，该参考点是选择物体的中心点。在选项栏中，用鼠标单击▦图标上不同的点，来改变参考点的位置。▦图标上各个点和控制框上的各个点一一对应。用户也可以使用鼠标直接拖拽中心参考点到任意位置。要设置控制框的中心点位置，只需移动光标至中心点上，当光标显示为▸形状时，按下鼠标并拖动即可。

④.2.2 变换操作

使用 Photoshop 中提供的变换和变形命令可以对图像进行缩放、旋转、扭曲以及翻转等各种编辑操作。选择【编辑】|【变换】命令，弹出的子菜单中包括【缩放】、【旋转】、【斜切】、【扭曲】、【透视】、【变形】，以及【水平翻转】和【垂直翻转】等各种变换命令。

1．【缩放】

使用【缩放】命令可以相对于变换对象的中心点对图像进行任意缩放，如图 4-14 所示。如果按住 Shift 键，可以等比缩放图像。如果按住 Shift+Alt 键，可以以中心点为基准等比缩放图像。

2．【旋转】

使用【旋转】命令可以围绕中心点转动变换对象，如图 4-15 所示。如果按住 Shift 键，可以以 15°为单位旋转图像。

图 4-14 缩放

图 4-15 旋转

计算机 基础与实训教材系列

知识点

选择【旋转 180 度】命令，可以将图像旋转 180 度。选择【旋转 90 度(顺时针)】命令，可以将图像顺时针旋转 90 度。选择【旋转 90 度(逆时针)】命令，可以将图像逆时针旋转 90 度，如图 4-16 所示。

图 4-16　逆时针旋转 90 度

3. 【斜切】

使用【斜切】命令可以在任意方向、垂直方向或水平方向上倾斜图像，如图 4-17 所示。如果移动光标至角控制点上，按下鼠标并拖动，可以在保持其他 3 个角控制点位置不动的情况下对图像进行倾斜变换操作。如果移动光标至边控制点上，按下鼠标并拖动，可以在保持与选择边控制点相对的控制框边不动的情况下进行图像倾斜变换操作。

4. 【扭曲】

使用【扭曲】命令可以任意拉伸控制框的 8 个控制点以进行扭曲变换操作，如图 4-18 所示。

图 4-17　斜切

图 4-18　扭曲

5. 【透视】

使用【透视】命令可以对变换对象应用单点透视，如图 4-19 所示。拖拽定界框 4 个角上的控制点，可以在水平或垂直方向上对图像应用透视。

6. 【翻转】

选择【水平翻转】命令，可以将图像在水平方向上进行翻转；选择【垂直翻转】命令，可以将图像在垂直方向上进行翻转，如图 4-20 所示。

图 4-19　透视

图 4-20　翻转

④.2.3　变形

如果要对图像的局部内容进行扭曲，可以使用【变形】命令来操作。选择该命令后，图像上将会出现变形网格和锚点，拖拽锚点或调整锚点的方向可以对图像进行更加自由、灵活的变形处理。也可以使用如图 4-21 所示的选项栏中【变形】下拉列表中的形状样式进行变形。

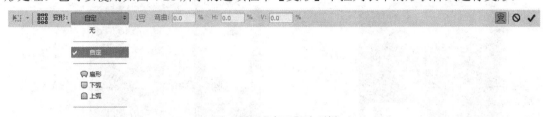

图 4-21　【变形】选项栏

【例 4-3】使用【变形】命令拼合图像效果。

(1) 在 Photoshop 中，选择【文件】|【打开】命令，打开两幅素材图像，如图 4-22 所示。

(2) 选中文字图像，在【图层】面板中，右击【背景】图层，在弹出的快捷菜单中选择【复制图层】命令打开【复制图层】对话框。在对话框的【文档】下拉列表中选择【2.jpg】，然后单击【确定】按钮，如图 4-23 所示。

图 4-22　打开图像

图 4-23　复制图层

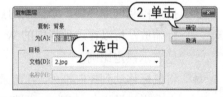

(3) 选中马克杯图像，在【图层】面板中设置【背景 拷贝】图层混合模式为【滤色】，如图 4-24 所示。

(4) 按 Ctrl+T 键执行【自由变换】命令。将光标放置在控制框角点上，当光标变为双向箭头时，按住 Alt+Shift 键向控制框中心拖动以缩小图像，如图 4-25 所示。

图 4-24　设置图层

图 4-25　应用自由变换

(5) 在选项栏中单击【在自由变换和变形模式之间切换】按钮，或选择【编辑】|【变换】|【变形】命令，切换为变形模式调整图像，如图 4-26 所示。

(6) 调整完成后，单击选项栏中的【提交变换】按钮或按 Enter 键应用变换调整，如图 4-27 所示。

图 4-26　变形图像

图 4-27　应用变形

4.2.4　自由变换

选择【编辑】|【自由变换】命令，或按下快捷键 Ctrl+T 可以一次完成【变换】子菜单中的所有操作，而无须多次选择不同的命令，但需要一些快捷键配合进行操作。

- 拖拽控制框上任何一个控制角点可以进行缩放，按住 Shift 键可按比例缩放。按数字进行缩放，可以在选项栏中的 W 和 H 后面的数值框中输入数字，W 和 H 之间的链接符号表示锁定比例。
- 将鼠标移动到控制框外，当光标显示为　形状时，按下鼠标并拖动即可进行自由旋转。在自由旋转操作过程中，图像的旋转会以控制框的中心点位置为旋转中心。拖拽时按住 Shift 键保证旋转以 15°递增。在选项栏的数值框中输入数字可以确保旋转的准确角度。
- 按住 Alt 键时，拖拽控制点可对图像进行扭曲操作。按 Ctrl 键可以随意更改控制点位置，对控制框进行自由扭曲变换。
- 按住 Ctrl+Shift 键，拖拽控制框可对图像进行斜切操作。也可以在选项栏中最右边的两组数据框中设定水平和垂直斜切的角度。
- 按住 Ctrl+Alt+Shift 键，拖拽控制框角点可对图像进行透视操作。

4.3　修复工具

使用图像修复工具，可以修改图像中指定区域的内容，运用修复工具对图像进行设置，可以修复图像中的缺陷和瑕疵，美化图像。

4.3.1　【污点修复画笔】工具

使用【污点修复画笔】工具 可以快速去除画面中的污点、划痕等不理想的部分。【污点修复画笔】的工作原理是从图像或图案中提取样本像素来涂改需要修复的地方，使需要修改的地方与样本像素在纹理、亮度和透明度上保持一致，从而达到用样本像素遮盖需要修复部分的目的。

【例 4-4】使用【污点修复画笔】工具去除图像中的日期。

(1) 选择【文件】|【打开】命令，打开图像文件，并在【图层】面板中单击【创建新图层】按钮新建【图层 1】，如图 4-28 所示。

(2) 选择工具箱中的【污点修复画笔】工具，在选项栏中设置画笔样式，【模式】为【正常】，【类型】为【内容识别】并选中【对所有图层取样】复选框，如图 4-29 所示。

图 4-28　打开图像　　　　　　　　图 4-29　设置【污点修复画笔】工具选项

(3) 使用【污点修复画笔】工具直接在污点上涂抹，就能立即修掉涂鸦；若修复点较大，可在选项栏中调整画笔大小再涂抹，如图 4-30 所示。

图 4-30　使用【污点修复画笔】工具

4.3.2　【修复画笔】工具

【修复画笔】工具 与仿制工具的使用方法基本相同，其也可以利用图像或图案中提取的样本像素来修复图像。但该工具可以从被修饰区域的周围取样，并将样本的纹理、光照、透明度和阴影等与所修复的像素匹配，从而去除照片中的污点和划痕。

选择【修复画笔】工具后，在选项栏中设置工具，按住 Alt 键在图像中单击创建参考点，然后释放 Alt 键，按住鼠标在图像中拖动即可仿制图像。

【例 4-5】使用【修复画笔】工具修复图像。

(1) 选择【文件】|【打开】命令，打开图像文件，单击【图层】面板中的【创建新图层】按钮，创建新图层，如图 4-31 所示。

(2) 选择【修复画笔】工具，并在选项栏中根据需要设置画笔样式，在【模式】下拉列表中选择【替换】、【源】设置为【取样】并选中【对齐】复选框，在【样本】下拉列表中选择【所有图层】选项，如图 4-32 所示。

图 4-31　打开图像文件

图 4-32　设置【修复画笔】工具

(3) 按住 Alt 键在附近区域单击鼠标左键设置取样点，然后涂抹，即可遮盖掉图像区域，如图 4-33 所示。

图 4-33　修复图像

④.3.3　【修补】工具

【修补】工具 可以用其他区域或图案中的像素来修复选中的区域。【修补】工具会将样本像素的纹理、光照和阴影与源像素进行匹配。使用该工具时，用户既可以直接使用已经制作好的选区，也可以利用该工具制作选区。

在工具箱中选择【修补】工具，该工具的选项栏如图 4-34 所示。该工具选项栏的【修补】选项中包括【源】和【目标】两个选项。选中【源】单选按钮时，将选区拖至要修补的区域，释放鼠标后，该区域的图像会修补原来的选区；如果选中【目标】单选按钮，将选区拖至其他区域时，可以将原区域内的图像复制到该区域。

图 4-34 【修补】工具选项栏

【例4-6】使用【修补】工具修补图像画面。

(1) 在 Photoshop 中，选择菜单栏中的【文件】|【打开】命令，选择打开一幅图像文件，并按 Ctrl+J 键复制图像，如图 4-35 所示。

(2) 选择【修补】工具，在工具选项栏中，选中【修补】选项中的【源】单选按钮，然后将光标置于画面中单击并拖动鼠标创建选区，如图 4-36 所示。

图 4-35 打开图像文件

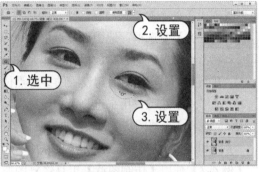

图 4-36 设置【修补】工具

(3) 将光标置于选区内，单击并向周围区域拖动，将周围区域图像复制到选区中遮盖图像，如图 4-37 所示。

图 4-37 修复图像

4.4 图章工具

在 Photoshop 中，使用图章工具组中的工具也可以通过提取图像中的像素样本来修复图像。

④.4.1 【仿制图章】工具

【仿制图章】工具可以从图像中拷贝信息，然后应用到其他区域或者其他图像中，该工具常用于复制对象或去除图像中的缺陷。

选择【仿制图章】工具▲后，在如图 4-38 所示的选项栏中设置工具，然后按住 Alt 键在图像中单击创建参考点，释放 Alt 键，按住鼠标在图像中拖动即可仿制图像。

图 4-38 【仿制图章】工具选项栏

在【仿制图章】工具▲的选项栏中，用户除了可以在其中设置笔刷、不透明度和流量外，还可以设置以下两个参数选项。

- ⊙ 【对齐】复选框：选中该复选框，可以对图像画面连续取样，而不会丢失当前设置的参考点位置，即使释放鼠标后也是如此；取消选中该复选框，则会在每次停止并重新开始仿制时，使用最初设置的参考点位置。默认情况下，【对齐】复选框为启用状态。
- ⊙ 【样本】选项：用来选择从指定的图层中进行数据取样。如果仅从当前图层中取样，应选择【当前图层】选项；如果要从当前图层及其下方的可见图层中取样，可选择【当前和下方图层】选项；如果要从所有可见图层中取样，可选择【所有图层】选项。

【例 4-7】使用【仿制图章】工具修复图像。

(1) 选择【文件】|【打开】命令，打开图像文件，单击【图层】面板中的【创建新图层】按钮创建新图层，如图 4-39 所示。

(2) 选择【仿制图章】工具，在选项栏中设置一种画笔样式，在【样本】下拉列表中选择【所有图层】选项，如图 4-40 所示。

图 4-39 打开图像文件

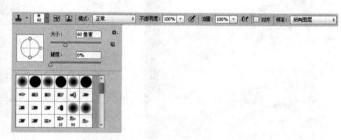

图 4-40 设置【仿制图章】工具

 知识点

在此之所以选择【样本】下拉列表中的【所有图层】选项，是要让【仿制图章】工具从全部图层合并后的图像中选取图像信息，将仿制结果存储在刚新建图层里。

(3) 按住 Alt 键在要修复部位附近单击鼠标左键设置取样点，然后在要修复部位按住鼠标左键涂抹，如图 4-41 所示。

图 4-41　修复图像

4.4.2　【图案图章】工具

【图案图章】工具可以利用 Photoshop 提供的图案或用户自定义的图案替换目标对象效果。选择该工具后，其选项栏如图 4-42 所示。工具选项栏中各个选项参数含义如下。

图 4-42　【图案图章】工具选项栏

- ⊙ 【画笔】：用于准确控制仿制区域大小。
- ⊙ 【模式】：用于指定混合模式。选择【替换】选项可以在使用柔边画笔，保留画笔描边边缘处的杂色、胶片颗粒和纹理。
- ⊙ 【不透明度】和【流量】：用于控制对仿制区域应用绘制的方式。
- ⊙ 【图案】：用于选择应用的图案。
- ⊙ 【对齐】：在选项栏中选择该复选框以保持图案与原始起点的连续性，即使释放鼠标按钮并继续绘画也不例外。取消选择该复选框可以在每次停止并开始绘画时重新启动图案。
- ⊙ 【印象派效果】：用于应用具有印象派效果的图案。

【例 4-8】使用【图案图章】工具拼合图像。

(1) 选择【文件】|【打开】命令打开素材图像，如图 4-43 所示。

(2) 选择【编辑】|【定义图案】命令，打开【图案名称】对话框。在对话框的【名称】文本框中输入"喜庆底图"，然后单击【确定】按钮，如图 4-44 所示。

(3) 选择【文件】|【打开】命令，打开素材图像。在【图层】面板中，选中【背景】图层，然后单击【创建新图层】按钮，新建【图层 1】，如图 4-45 所示。

(4) 选择【图案图章】工具，在选项栏中设置画笔样式，在【模式】下拉列表中选择【强光】选项，在【图案】下拉面板中选中刚定义的"喜庆底图"图案。使用【图案图章】工具在图像中涂抹，添加图案效果，如图 4-46 所示。

计算机基础与实训教材系列

图 4-43　打开图像　　　　　　　　　　　　图 4-44　定义图案

图 4-45　打开图像　　　　　　　　　　　　图 4-46　使用【图案图章】工具

④.5　润饰工具

　　使用 Photoshop 所提供的图像润饰工具，不但可以对图像的颜色、明度等进行修饰，还能为图像添加特殊的效果。

④.5.1　【模糊】和【锐化】工具

　　【模糊】工具的作用是降低图像画面中相邻像素之间的反差，使边缘区域变柔和，从而产生模糊的效果，还可以柔化模糊局部的图像。选择工具箱中的【模糊】工具，在其如图 4-47 所示的选项栏中，【模式】下拉列表框用于设置画笔的模糊模式；【强度】文本框用于设置图像处理的模糊程度，参数数值越大，其模糊效果就越明显。选中【对所有图层取样】复选框，模糊处理可以对所有的图层中的图像进行操作；取消选中该复选框，模糊处理只能对当前图层中的图像进行操作。

图 4-47　【模糊】工具选项栏

在使用【模糊】工具时，如果反复涂抹图像上的同一区域，会使该区域变得更加模糊不清，如图 4-48 所示。

图 4-48　模糊图像

与【模糊】工具相反，【锐化】工具△是一种图像色彩锐化的工具，也就是增大像素间的反差，达到清晰边线或图像的效果。在工具箱中选择【锐化】工具，其选项栏与【模糊】工具的选项栏基本相同。如图 4-49 所示。

图 4-49　【锐化】工具选项栏

使用【锐化】工具时，如果反复涂抹同一区域，则会造成图像失真，如图 4-50 所示。

图 4-50　锐化图像

> **提示**
>
> 虽然模糊和锐化在字面上是一组反义词，但在实际操作过程中，模糊后的图像不能通过锐化完全恢复，反之亦然。

【例4-9】使用【模糊】工具调整图像。

(1) 在 Photoshop 中，选择菜单栏中的【文件】|【打开】命令，选择打开一幅图像文件，并按 Ctrl+J 键复制图像，如图 4-51 所示。

(2) 选择【模糊】工具，在选项栏中选择较大的圆形柔角画笔样式，【强度】为 100%，然后使用工具在图像边缘的景物上拖动，模糊图像，如图 4-52 所示。

图 4-51　打开图像　　　　　　　　图 4-52　模糊图像

4.5.2　【涂抹】工具

【涂抹】工具用于模拟用手指涂抹油墨的效果，以【涂抹】工具在颜色的交界处作用，会有一种相邻颜色互相挤入而产生的模糊感，如图 4-53 所示。【涂抹】工具不能在【位图】和【索引颜色】模式的图像中使用。

在【涂抹】工具的选项栏中，可以通过【强度】来控制手指作用在画面上的工作力度。默认的【强度】为 50%，【强度】数值越大，手指拖出的线条就越长，反之则越短。如果【强度】设置为 100%，则可以拖出无限长的线条，直至释放鼠标按键。

图 4-53　使用【涂抹】工具

4.5.3　【减淡】和【加深】工具

【减淡】工具通过提高图像的曝光度来提高图像的亮度，使用时在图像需要亮化的区域反复拖动即可亮化图像，如图 4-54 所示。

图 4-54 亮化图像

选择【减淡】工具后，如图 4-55 所示，在工具选项栏中各选项参数作用如下。

图 4-55 【减淡】工具选项栏

- ◉ 【范围】：在其下拉列表中，【阴影】表示仅对图像的暗色调区域进行亮化；【中间调】表示仅对图像的中间色调区域进行亮化；【高光】表示仅对图像的亮色调区域进行亮化。
- ◉ 【曝光度】：用于设定曝光强度。可以直接在数值框中输入数值或单击右侧的▶按钮，然后在弹出的滑杆上拖动滑块来调整。

【加深】工具用于降低图像的曝光度，通常用来加深图像的阴影或对图像中有高光的部分进行暗化处理，如图 4-56 所示。

图 4-56 加深图像

【加深】工具选项栏与【减淡】工具选项栏内容基本相同，如图 4-57 所示，但使用它们产生的图像效果刚好与【减淡】工具相反。

图 4-57 【加深】工具选项栏

提示 ....

虽然加深和减淡在字面上是一组反义词，但在实际操作过程中，加深后的图像不能通过减淡完全恢复，反之亦然。

【例4-10】使用【加深】工具调整图像效果。

(1) 在 Photoshop 中，选择菜单栏中的【文件】|【打开】命令，选择打开一幅图像文件，并按 Ctrl+J 键复制图像，如图 4-58 所示。

(2) 选择【加深】工具，在选项栏中设置柔边圆画笔样式，然后按住鼠标使用【加深】工具对图像前景曝光过度的部分进行拖动加深颜色，如图 4-59 所示。

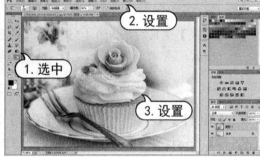

图 4-58　打开图像　　　　　　　　　图 4-59　加深图像

4.5.4 【海绵】工具

【海绵】工具 可以精确地修改色彩的饱和度。如果图像是灰度模式，该工具可以通过使灰阶远离或靠近中间灰色来增加或降低对比度。选择该工具后，在画面中单击并拖动鼠标涂抹即可进行处理。

选择【海绵】工具后，其工具选项栏中【画笔】和【喷枪】选项与【加深】和【减淡】工具的选项相同，如图 4-60 所示。其中【自然饱和度】选项可以在增加饱和度时，防止颜色过度饱和。

图 4-60　【海绵】工具选项栏

【例4-11】使用【海绵】工具调整图像效果。

(1) 在 Photoshop 中，选择菜单栏中的【文件】|【打开】命令，选择打开一幅图像文件，并按 Ctrl+J 键复制图像，如图 4-61 所示。

(2) 选择【海绵】工具，在选项栏中选择柔边画笔样式，设置【模式】为【去色】，【流量】为 100%，取消选中【自然饱和度】复选框。使用【海绵】工具在图像上涂抹，去除图像色彩，如图 4-62 所示。

图 4-61 打开图像

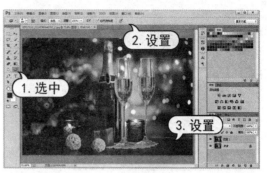

图 4-62 使用【海绵】工具

4.6 上机练习

本章的上机练习通过调整图像中人像肤色效果，使用户更好地掌握本章所学图像修饰、润色知识。

(1) 在 Photoshop 中，选择【文件】|【打开】命令打开素材文件，并按 Ctrl+J 键复制【背景】图层，如图 4-63 所示。

(2) 选择工具箱中的【污点修复画笔】工具，在选项栏中设置画笔样式，【模式】为【正常】，【类型】为【内容识别】。使用【污点修复画笔】工具直接在人物面部的小瑕疵上涂抹，可立即修复面部效果，如图 4-64 所示。

图 4-63 打开图像

图 4-64 使用【污点修复画笔】工具

(3) 单击【调整】面板中的【创建新的黑白调整图层】按钮创建【黑白】调整图层，并在【图层】面板中设置【黑白 1】图层混合模式为【柔光】，如图 4-65 所示。

(4) 在【图层】面板中，选中【图层 1】图层，单击【创建新图层】按钮新建【图层 2】图层。在【色板】面板中单击【50%灰色】色板，并按 Alt+Delete 键填充【图层 2】图层，然后设置图层混合模式为【柔光】，如图 4-66 所示。

(5) 选择【减淡】工具，在选项栏中设置画笔大小为 200 像素，【曝光度】数值为 4%，然后使用【减淡】工具在人物面部的高光部分涂抹，如图 4-67 所示。

图 4-65　创建调整图层　　　　　　　　　　图 4-66　新建图层

(6) 双击【黑白 1】调整图层缩览图，打开【属性】面板，设置【红色】为 50、【黄色】为 95、【绿色】为-200、【洋红】为-40，如图 4-68 所示。

图 4-67　使用【减淡】　　　　　　　　　　图 4-68　调整图层

4.7　习题

1. 打开图像文件，使用修复工具去除图像中的污点，如图 4-69 所示。
2. 打开任意图像文件，使用【海绵】工具降低图像饱和度。

图 4-69　去除污点

第5章

选择与填充色彩

学习目标

在设计过程中，色彩非常重要。在 Photoshop CC 中，经常需要在图像中使用颜色填充工具进行填充，覆盖特定的部分进行简单的合成。本章主要介绍如何通过拾色器、【颜色】面板和【色板】面板的设置，结合【吸管】工具、【渐变】工具以及【油漆桶】工具等进行具体操作。

本章重点

- ⊙ 颜色工具
- ⊙ 图案的创建
- ⊙ 填充颜色

5.1 选择颜色

在 Photoshop 中使用各种绘图工具时，不可避免地要用到颜色的设定，Photoshop 提供了多种颜色选取和设定的方式。用户可以根据需要来选择最适合的方法。

5.1.1 认识前景色与背景色

前景色决定了使用绘画工具绘制图形，以及使用文字工具创建文字时的颜色；背景色决定了使用橡皮擦工具擦除图像时，擦除区域呈现的颜色，以及增加画布大小时，新增画布的颜色。

在工具箱中，用户可以很方便地查看到当前使用的前景色和背景色，如图 5-1 所示。系统默认状态的前景色是 R、G、B 数值都为 0 的黑色，背景色是 R、G、B 数值都为 255 的白色。在 Photoshop 中，用户可以通过多种工具设置前景色和背景色的颜色，如【拾色器】对话框、【颜色】面板、【色板】面板和【吸管】工具等。

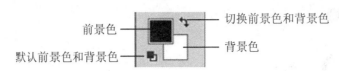

图 5-1 前景色和背景色

- 前景色/背景色：单击前景色或背景色图标，可以在弹出的【拾色器】对话框中选取一种颜色作为前景色或背景色。
- 【切换前景色或背景色】图标：单击该图标可以切换所设置的前景色和背景色，也可以按快捷键 X 键进行切换。
- 【默认前景色和背景色】图标：单击该图标可以恢复默认的前景色和背景色，也可以按快捷键 D 键。

 .1.2 【颜色】面板

选择【窗口】|【颜色】命令，可以打开【颜色】面板。不同颜色模式，显示的颜色设置不同，如图 5-2 所示。在【颜色】面板中的左上角有两个色块用于表示前景色和背景色。色块上有双框表示被选中，所有的调节只对选中的色块有效，用鼠标单击色块即可将其选中。直接单击【颜色】面板中的前景色或背景色图标也可以调出【拾色器】对话框。

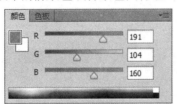 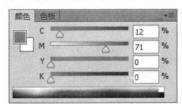

图 5-2 【颜色】面板

用鼠标单击面板右上角的面板菜单按钮，在弹出的菜单中可以选择色彩模式，如图 5-3 所示。对于不同的色彩模式，面板中滑动栏的内容也不同，通过拖动滑块或输入数字可改变颜色的组成。

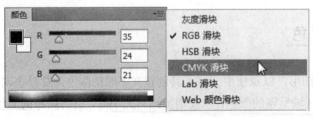 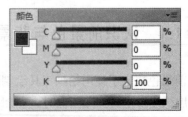

图 5-3 选择色彩模式

用户还可以通过【颜色】面板底部的颜色条根据不同的需要选择不同的颜色。在【颜色】面板中，当光标移至颜色条上时，会自动变成一个吸管，可直接在颜色条中吸取前景色或背景色，如图 5-4 所示。如果要选择黑色或白色，可在颜色条的最右端单击黑色或白色的小方块。

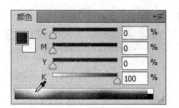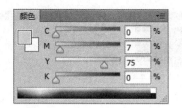

图 5-4 选择颜色

 知识点

当所选颜色在印刷中无法实现时,在【颜色】面板中会出现一个带叹号的三角图标,在其右边会有一个替换的色块,替换的颜色一般都较暗。

⑤.1.3 【色板】面板

选择【窗口】|【色板】命令,可以打开【色板】面板。【色板】和【颜色】面板有一些相同的功能,就是都可用来改变工具箱中的前景色或背景色。不论使用何种工具,只要将鼠标移到色板上,都会变成吸管的形状,单击鼠标即可改变前景色,按住 Ctrl 键单击鼠标可改变工具箱中的背景色,如图 5-5 所示。

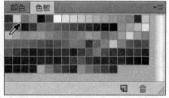

图 5-5 【色板】面板

如果要在【色板】上增加颜色,可用【吸管】工具在图像上选择颜色。当鼠标移到【色板】空白处时,就会变成油漆桶的形状,单击鼠标可打开【色板名称】对话框,如图 5-6 所示。在对话框中,单击【确定】按钮即可将当前前景色添加到色板中。

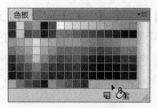

图 5-6 新建色板

如果要删除【色板】中的颜色,按住 Alt 键可使图标变成剪刀的形状,在任意色块上单击鼠标左键,就可将此色块删除。

如果要恢复【色板】的默认设置,在面板弹出菜单中选择【复位色板】命令。在弹出的对话框中,单击【确定】按钮,可恢复到【色板】面板默认设置状态,如图 5-7 所示;单击【追加】按钮,可在加入预设颜色的同时保留现有的颜色;单击【取消】按钮,可取消此命令。

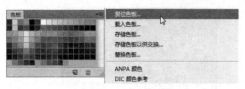

图 5-7　复位色板

另外，如果要将当前的颜色信息存储起来，可在【色板】面板弹出菜单中选择【存储色板】命令。如果要调用存储的色板文件，可以选择【载入色板】命令将颜色文件载入，也可以选择【替换色板】命令，用新的颜色文件代替当前【色板】面板中的颜色。

 知识点

默认情况下，【色板】面板中颜色以【小缩览图】方式显示，单击面板右上角的扩展菜单按钮，在弹出的菜单中选择【大缩览图】、【小列表】或【大列表】命令，可以更改颜色色板的显示方式，如图 5-8 所示。

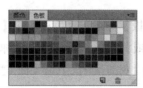

图 5-8　改变色板显示方式

⑤.1.4　吸管工具组

吸管工具主要用于对图像中的颜色进行取样。Photoshop 的工具箱和【曲线】、【色阶】等调整命令中都具有吸管工具。其中【曲线】和【色阶】等调整命令中的吸管用于设置黑场、灰场和白场，以校正颜色。

1．【吸管】工具

工具箱中的【吸管】工具通常都是结合拾色器、【颜色】面板和【色板】面板的应用灵活地创建和编辑颜色。使用【吸管】工具在图像中单击，可以设置该单击位置的颜色为前景色；按住 Alt 键在图像中单击，可以设置该单击位置的颜色为背景色；如果在图像文件窗口中移动光标，【信息】面板中的 CMYK 和 RGB 数值显示区域会随光标的移动显示相应的颜色数值，如图 5-9 所示。

图 5-9　使用【吸管】工具

选择【吸管】工具后，【吸管】工具选项栏中包含【取样大小】和【样本】两个主要选项，如图 5-10 所示。

图 5-10 【吸管】工具选项栏

- ◉ 【取样大小】下拉列表：【取样点】选项读取所单击像素的精确值；【3×3 平均】、【5×5 平均】、【11×11 平均】、【31×31 平均】、【51×51 平均】、【101×101 平均】选项读取单击区域内指定数量的像素的平均值。
- ◉ 【样本】下拉列表：可以设置文档采集色样的图层。
- ◉ 【显示取样环】：选中该复选框后，可以在拾取颜色时显示取样环。

2. 【颜色取样器】工具

使用【颜色取样器】工具最多可有 4 个取样点。取样的目标是测量图像中不同位置的颜色数值，方便图像色彩调节，被标记的颜色点不会对图像造成任何影响。【颜色取样点】工具的使用方法非常简单，在工具箱中选取【颜色取样器】工具，并直接在图像上单击，生成的取样点，如图 5-11 所示。直接用鼠标拖动就可以移动取样点的位置。

图 5-11 使用【颜色取样器】工具

通过【颜色取样器】工具选项栏中的【清除】按钮将所有取样点删除。如果要删除某个取样点，可以用鼠标将其拖拽出图像窗口；或按住 Alt 键(此时【颜色取样器】工具会变成剪刀的形状)在取样点上单击。

⑤.1.5 自定义颜色

在 Photoshop 中，单击工具箱下方的【设置前景色】或【设置背景色】图标均可打开如图 5-12 所示的【拾色器】对话框。在【拾色器】对话框中可以基于 HSB、RGB、Lab 以及 CMYK 等颜色模型指定颜色。

在【拾色器】对话框中左侧的主颜色框中单击鼠标可选取颜色，该颜色会显示在右侧上方颜色方框内，同时右侧文本框的数值会随之改变。用户也可以在右侧的颜色文本框中输入数值，或拖动主颜色框右侧颜色滑竿的滑块来改变主颜色框中的主色调。

- 颜色滑块/色域/拾取颜色：拖动颜色滑块，或者在竖直的渐变颜色条上单击可选取颜色范围。设置颜色范围后，在色域中单击鼠标，或拖动鼠标，可以在选定的颜色范围内设置当前颜色并调整颜色的深浅。

- 颜色值：【拾色器】对话框中的色域可以显示 HSB、RGB、Lab 颜色模式中的颜色分量。如知道所需颜色的数值，则可以在相应的数值框中输入数值，精确地定义颜色。

- 新的/当前：颜色滑块右侧的颜色框中有两个色块，上部的色块为【新的】，显示为当前选择的颜色；下部的色块为【当前】，显示的是原始颜色。

- 溢色警告：对于 CMYK 设置而言，在 RGB 模式中显示的颜色可能会超出色域范围，而无法打印。如果当前选择的颜色是不能打印的颜色，则系统会显示溢色警告。Photoshop 在警告标志下的颜色块中显示了与当前选择的颜色最为接近的 CMYK 颜色，单击警告标志或颜色块，可以将颜色块中的颜色设置为当前颜色。

- 非 Web 安全色警告：Web 安全颜色是浏览器实用的 216 种颜色，如果当前选择的颜色不能在 Web 页上准确地显示，则会出现非 Web 安全色警告。Photoshop 在警告标志下的颜色块中显示了与当前选择的颜色最为接近的 Web 安全色，单击警告标志或颜色块，可将颜色块中的颜色设置为当前颜色。

- 【只有 Web 颜色】：选择此选项，色域中只显示 Web 安全色，此时选择的任何颜色都是 Web 安全色。

- 【添加到色板】：单击此按钮，可以将当前设置的颜色添加到【色板】调板，使之成为调板中预设的颜色。

- 【颜色库】：单击【拾色器】对话框中的【颜色库】按钮，可以打开【颜色库】对话框，如图 5-13 所示。在【颜色库】对话框的【色库】下拉列表框中共有 27 种颜色库。这些颜色库是国际公认的色样标准。彩色印刷人员可以根据按这些标准制作的色样本或色谱表精确地选择和确定所使用的颜色。在其中拖动滑块可以选择颜色的主色调，在左侧颜色框内单击颜色条可以选择颜色，单击【拾色器】按钮，即可返回到【拾色器】对话框中。

图 5-12　【拾色器】对话框

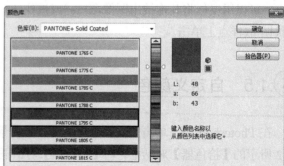

图 5-13　【颜色库】对话框

⑤.2 图案的创建

在应用填充工具进行填充时，除了单色和渐变，还可以填充图案。图案是在绘画过程中被重复使用或拼接粘贴的图像，Photoshop CC 为用户提供了各种默认图案。在 Photoshop 中，用户也可以自定义创建新图案，然后将它们存储起来，供不同的工具和命令使用。

【例5-1】在 Photoshop 中定义图案，并填充图像。

(1) 选择【文件】|【打开】命令，打开一幅素材图像，如图 5-14 所示。

(2) 选择工具箱中的【矩形选框】工具，在图像中拖动绘制一个矩形选区，如图 5-15 所示。

图 5-14 打开图像

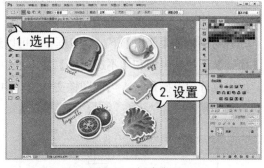
图 5-15 创建选区

(3) 选择【编辑】|【定义图案】命令，打开【图案名称】对话框。在对话框中的【名称】文本框中输入"背景"，然后单击【确定】按钮，如图 5-16 所示。

图 5-16 定义图案

(4) 创建一个 800×600 像素的新画布，选择【编辑】|【填充】命令，打开【填充】对话框。在该对话框的【使用】下拉列表中选择【图案】选项，并单击【自定图案】右侧的【点按可打开"图案"拾色器】区域，打开【图案拾色器】，选择刚才定义的"背景"图案。设置完成后，单击【确定】按钮，将选择的图案填充到当前画布中，如图 5-17 所示。

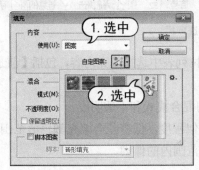
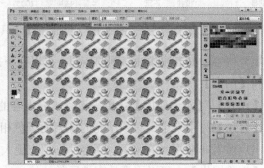
图 5-17 填充图案

在 Photoshop 中，可以使用【填充】命令、【油漆桶】工具或【渐变】工具填充颜色，也可以填充图案效果。

5.3.1 使用【填充】命令

要对当前图层中选区进行填充，可以选择【编辑】|【填充】命令，打开【填充】对话框，如图 5-18 所示。

在该对话框的【使用】下拉列表框中，可以选择填充内容，如前景色、背景色以及图案等。在【模式】下拉列表框和【不透明度】文本框中，可以设置填充采用的颜色混合模式和不透明度。如果执行填充操作时，当前图像文件窗口中没有选区，则会针对所选择图层进行填充。

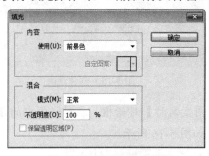

图 5-18 【填充】对话框

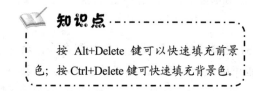

知识点

按 Alt+Delete 键可以快速填充前景色；按 Ctrl+Delete 键可快速填充背景色。

5.3.2 使用【油漆桶】工具

利用【油漆桶】工具可以给指定容差范围的颜色或选区填充前景色或图案。选择【油漆桶】工具后，在其如图 5-19 所示的选项栏的【填充】下拉列表中可以设置【前景】或【图案】的填充方式、颜色混合、不透明度、是否消除锯齿和填充容差等参数选项。

图 5-19 【油漆桶】工具选项栏

- 填充内容：单击油漆桶右侧的按钮，可以在下拉列表中选择填充内容，包括【前景色】和【图案】。
- 【模式】/【不透明度】：用来设置填充内容的混合模式和不透明度。
- 【容差】：用来定义必须填充的像素的颜色相似程度。低容差会填充颜色值范围与单击点像素非常相似的像素，高容差则填充更大范围内的像素。
- 【消除锯齿】：可以平滑填充选区的边缘。

- ⦿ 【连续的】：只填充与鼠标单击点相邻的像素；取消选中该复选框时可填充图像中的所有相似像素。
- ⦿ 【所有图层】：基于所有可见图层中的合并颜色数据填充像素；取消选中该复选框则填充当前图层。

【例 5-2】使用【油漆桶】工具填充图像。

(1) 在 Photoshop，选择【文件】|【打开】命令，打开图像文件。选择【矩形选框】工具在图像中拖动创建选区，如图 5-20 所示。

(2) 选择【编辑】|【定义图案】命令，在打开的【图案名称】对话框中的【名称】文本框中输入"木纹"，然后单击【确定】按钮，如图 5-21 所示。

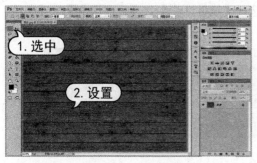
图 5-20 创建选区

图 5-21 定义图案

(3) 选择【文件】|【打开】命令，打开图像文件，并单击【图层】面板中选中【背景】图层。选择【油漆桶】工具，在选项栏中单击【设置填充区域的源】按钮，在弹出的下拉列表中选择【图案】选项，并在右侧的下拉面板中单击选中刚定义的"木纹"图案，如图 5-22 所示。

(4) 使用【油漆桶】工具在图像中单击，填充木纹图案，如图 5-23 所示。

图 5-22 设置【油漆桶】工具

图 5-23 填充图案

⑤.3.3 使用【渐变】工具

【渐变】工具可以创建多种颜色的混合效果。选择该工具后，在选项栏中设置需要的渐变样式和颜色，然后在图像中单击并拖动出一条直线，以标示渐变的起始点和终点，释放鼠标后即可填充渐变。

1. 创建渐变

选择【渐变】工具后，需要在如图 5-24 所示的工具选项栏中选择渐变的类型，并设置渐变颜色和混合模式等选项。

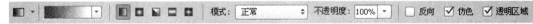

图 5-24　【渐变】工具选项栏

- 【点按可编辑渐变】选项：显示了当前的渐变颜色，单击其右侧的按钮，可以打开一个下拉面板，在面板中可以选择预设的渐变。直接单击渐变颜色条，则可以打开【渐变编辑器】对话框，在该对话框中可以编辑、保存渐变颜色样式。

- 【渐变类型】：在选项栏中可以通过单击选择【线性渐变】、【径向渐变】、【角度渐变】、【对称渐变】以及【菱形渐变】5 种渐变方式，如图 5-25 所示。

　　线性渐变　　　　径向渐变　　　　角度渐变　　　　对称渐变　　　　菱形渐变

图 5-25　5 种渐变模式

- 【模式】：用来设置应用渐变时的混合模式。
- 【不透明度】：用来设置渐变效果的不透明度。
- 【反向】：可转换渐变中的颜色顺序，得到反向的渐变效果。
- 【仿色】：可用较小的带宽创建较平滑的混合，可防止打印时出现条带化现象。但在屏幕上并不能明显地体现出仿色的效果。
- 【透明区域】：选中该项，可创建透明渐变；取消选中可创建实色渐变。

单击选项栏中的渐变样式预览可以打开如图 5-26 所示的【渐变编辑器】对话框。该对话框中各选项的作用如下。

图 5-26　【渐变编辑器】对话框

- ◉ 【预设】窗口：提供了各种 Photoshop 自带的渐变样式缩览图。通过单击缩览图，即可选取渐变样式，并且对话框的下方将显示该渐变样式的各项参数及选项设置。

- ◉ 【名称】文本框：用于显示当前所选择渐变样式名称或设置新建样式名称。

- ◉ 【新建】按钮：单击该按钮，可以根据当前渐变设置创建一个新的渐变样式，并添加在【预设】窗口的末端位置。

- ◉ 【渐变类型】下拉列表：包括【实底】和【杂色】两个选项。当选择【实底】选项时，可以对均匀渐变的过渡色进行设置；选择【杂色】选项时，可以对粗糙的渐变过渡色进行设置。

- ◉ 【平滑度】选项：用于调节渐变的光滑程度。

- ◉ 【色标】滑块：用于控制颜色在渐变中的位置。在色标上单击并拖动鼠标，即可调整该颜色在渐变中的位置。要在渐变中添加新颜色，在渐变颜色编辑条下方单击，即可创建一个新的色标，然后双击该色标，在打开的【拾取器】对话框中设置所需的色标颜色。用户也可以先选择色标，然后通过【渐变编辑器】对话框中的【颜色】选项进行颜色设置。

- ◉ 【颜色中点】滑块：在单击色标时，会显示其与相邻色标之间的颜色过渡中点。拖动该中点，可以调整渐变颜色之间的颜色过渡范围。

- ◉ 【不透明度色标】滑块：用于设置渐变颜色的不透明度。在渐变样式编辑条上选择【不透明度色标】滑块，然后通过【渐变编辑器】对话框中的【不透明度】文本框设置其位置颜色的不透明度。在单击【不透明度色标】时，会显示其与相邻不透明度色标之间的不透明度过渡点。拖动该中点，可以调整渐变颜色之间的不透明度过渡范围。

- ◉ 【位置】文本框：用于设置色标或不透明度色标在渐变样式编辑条上的相对位置。

- ◉ 【删除】按钮：用于删除所选择的色标或不透明度色标。

【例5-3】使用【渐变】工具填充图像效果。

(1) 选择【文件】|【打开】命令，打开一幅图像文件，并单击【图层】面板中的【创建新图层】按钮，新建【图层 1】，如图 5-27 所示。

(2) 选择【渐变】工具，在工具选项栏中单击【径向渐变】按钮，然后单击渐变颜色条，打开【渐变编辑器】对话框，如图 5-28 所示。

图 5-27　打开图像

图 5-28　选择【渐变】工具

(3) 在【预设】选项中选择一个预设的渐变，该渐变的色标会显示在下方渐变条上，如图 5-29 所示。

(4) 选择一个色标后，单击【颜色】选项右侧的颜色块，或双击该色标都可以打开【拾色器】对话框，在对话框中调整该色标的颜色为 RGB=255、102、204，即可修改渐变的颜色，如图 5-30 所示。

图 5-29　选择预设渐变

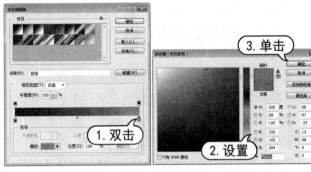

图 5-30　调整渐变

(5) 选择一个色标并拖动它，或者在【位置】文本框中输入数值，可以改变渐变色的混合位置。拖动两个渐变色标之间的颜色中点，可以调整该点两侧颜色的混合位置，如图 5-31 所示。

图 5-31　调整渐变

> **提示**
>
> 在渐变条下方单击可添加色标。选择一个色标后，在【位置】文本框中输入数值，可以改变渐变色的混合位置；单击【删除】按钮，或直接将其拖动到渐变颜色表外，可删除该色标。

(6) 单击【确定】按钮关闭对话框，然后在画面中单击并拖动鼠标拉出一条直线，释放鼠标后，可以创建渐变。在【图层】面板中，设置图层混合模式为【柔光】、【不透明度】为 70%，如图 5-32 所示。

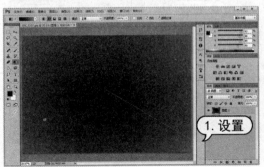

图 5-32　创建渐变

2. 存储渐变

在【渐变编辑器】中调整好一个渐变后，在【名称】选项中输入渐变的名称，然后单击【新建】按钮，可将其保存到渐变列表中。

【**例 5-4**】在 Photoshop 中，存储自定义渐变样式。

(1) 在渐变列表中选择一个渐变，单击鼠标右键，选择下拉菜单中的【重命名渐变】命令。可以打开【渐变名称】对话框，修改渐变的名称，如图 5-33 所示。

图 5-33　重命名渐变

(2) 右击一个渐变样式，在弹出菜单中选择【删除渐变】命令，删除当前选择的渐变样式，如图 5-34 所示。

(3) 单击【渐变编辑器】对话框中的【存储】按钮，在打开的【另存为】对话框中的【文件名】文本框中输入"自定义渐变"，然后单击【保存】按钮进行存储，如图 5-35 所示。

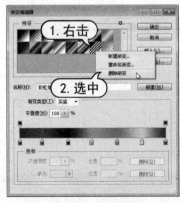
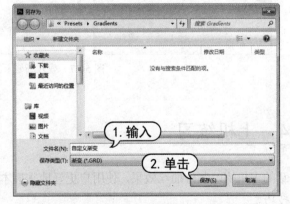

图 5-34　删除渐变　　　　　图 5-35　存储渐变

3. 载入渐变样式库

在【渐变编辑器】中，可以载入 Photoshop 提供的预设渐变库和用户自定义的渐变样式库。

【**例 5-5**】在 Photoshop 中，载入渐变样式库。

(1) 单击【渐变编辑器】对话框渐变样式预览区域右上角的 ✿ 按钮，在弹出的菜单中选择【蜡笔】样式库。在弹出的询问对话框中单击【确定】按钮，将渐变载入到【渐变编辑器】对话框中，如图 5-36 所示。

图 5-36 载入渐变

（2）单击【渐变编辑器】对话框中的【载入】按钮，可以打开【载入】对话框，在该对话框中选择一个外部的渐变库，将其载入，如图 5-37 所示。

图 5-37 载入渐变

⑤.4 上机练习

　　本章的上机练习制作抽丝效果，使用户更好地掌握本章所学的颜色、图案填充的基本操作方法和技巧。

　　（1）选择【文件】|【新建】命令，打开【新建】对话框，设置【宽度】为 4 像素、【高度】为 2 像素、【分辨率】为 300 像素/英寸、【颜色模式】为 RGB 颜色，如图 5-38 所示。

　　（2）将画布放大到 3200%。选择工具箱中的【矩形选框】工具，在选项栏的【样式】下拉列表中选择【固定大小】选项，在其后的【宽度】和【高度】数值框中分别输入 2。然后在画布中创建选区，并按 Alt+Delete 键填充前景色，按 Ctrl+D 键取消选区，如图 5-39 所示。

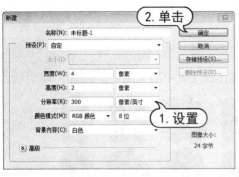

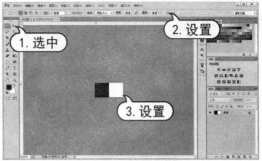

图 5-38 新建文档 图 5-39 填充选区

(3) 选择【编辑】|【定义图案】命令，打开【图案名称】对话框。在【名称】文本框中输入"抽丝"，然后单击【确定】按钮，如图 5-40 所示。

(4) 选择【文件】|【打开】命令，在【打开】对话框中选中打开素材文件，并在【图层】面板中单击【创建新图层】按钮新建【图层 1】，如图 5-41 所示。

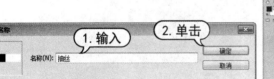

图 5-40 定义图案 图 5-41 打开图像

(5) 选择【编辑】|【填充】命令，打开【填充】对话框。在对话框的【使用】下拉列表中选择【图案】选项，并单击【自定图案】右侧的【点按可打开"图案"拾色器】区域，打开【图案拾色器】，选择刚才定义的"抽丝"图案，然后单击【确定】按钮，如图 5-42 所示。

(6) 在【图层】面板中，将【图层 1】的图层混合模式设置为【叠加】，完成后的效果如图 5-43 所示。

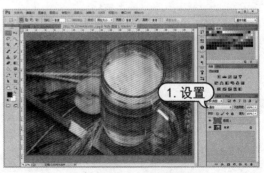

图 5-42 填充图案 图 5-43 设置图层效果

⑤.5 习题

1. 使用【油漆桶】工具在新建的 800×600 像素图像文件中填充图案，如图 5-44 所示。

图 5-44　填充图案

2. 使用【填充】命令，制作如图 5-45 所示的图像效果。

图 5-45　图像效果

第6章

图层的基础应用

学习目标

图层在 Photoshop 的编辑处理过程中非常重要。本章主要介绍如何使用【图层】面板的各种功能有效地管理大量的图层和对象。只有掌握好这些基础的知识，才能为以后的图层高级应用打下坚实的基础。

本章重点

- ⊙ 使用【图层】面板
- ⊙ 图层的基本操作
- ⊙ 排列与分布图层
- ⊙ 管理图层
- ⊙ 图层复合

⑥.1 使用【图层】面板

图层是 Photoshop 的重点学习内容。图层概念的引入为图像的编辑带来了极大的便利。原来很多只能通过复杂的通道操作和通道运算才能实现的效果，现在通过图层和图层样式便可轻松完成。

Photoshop 中的图像可以由多个图层和多种图层组成。常用的图像在打开的时候通常只有一个背景图层。在设计过程中可以利用图像图层放置不同的图像元素，还可以通过调整图层对图像的全部或局部进行色彩调节，或通过填充图层创建不同的填充效果。

【图层】面板是用来管理和操作图层的，选择【窗口】|【图层】命令，可以打开【图层】面板，如图 6-1 所示。单击【图层】面板右上角的扩展菜单按钮，可以打开【图层】面板菜单。【图层】面板用于创建、编辑和管理图层，以及为图层添加样式等操作。面板中列出了所有的图层、图层组和图层效果。如要对其中某一图层进行编辑，首先需要在【图层】面板中单击选

中该图层，所选中图层称为【当前图层】。

 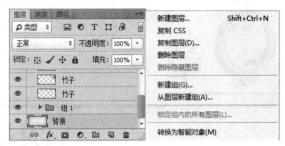

图 6-1 【图层】面板

在【图层】面板中有一些功能设置按钮与选项，通过设置它们可以直接对图层进行相应的编辑操作。使用这些按钮等同于执行【图层】面板菜单中的相关命令。

- ◉ 【锁定】按钮：用于锁定当前图层的属性，包括图像像素、透明像素和位置等。
- ◉ 【设置图层混合模式】：用于设置当前图层的混合模式，可以混合所选图层中的图像与下方所有图层中的图像。
- ◉ 【设置图层不透明度】：用于设置当前图层中图像的整体不透明程度。
- ◉ 【设置填充不透明度】：设置图层中图像的不透明度。对于已应用于图层的图层样式将不产生任何影响。
- ◉ 【图层显示标志】👁：用于显示或隐藏图层。
- ◉ 【链接图层】按钮 ✑：可将选中的两个或两个以上的图层或组进行链接，链接后的图层或组可以同时进行相关操作。
- ◉ 【添加图层样式】按钮 fx：用于为当前图层添加图层样式效果，单击该按钮，将弹出命令菜单，从中可以选择相应的命令为图层添加特殊效果。
- ◉ 【添加图层蒙版】按钮 ▣：单击该按钮，可以为当前图层添加图层蒙版。
- ◉ 【创建新的填充或调整图层】按钮 ◑：用于创建调整图层。单击该按钮，在弹出的菜单中可以选择所需的调整命令。
- ◉ 【创建新组】按钮 ▭：单击该按钮，可以创建新的图层组，它可以包含多个图层。可将包含的图层作为一个对象进行查看、复制、移动和调整顺序等操作。
- ◉ 【创建新图层】按钮 ▯：单击该按钮，可以创建一个新的空白图层。
- ◉ 【删除图层】按钮 🗑：单击该按钮可以删除当前图层。

⑥.2 图层的基本操作

在 Photoshop 中，通过使用图层，用户可以非常方便、快捷地处理图像，从而制作出各种各样的图像特效。对图层的大部分操作都是在【图层】面板中实现的，如新建图层和复制图层等。因此，除了了解图层，还要掌握【图层】面板的使用方法，这也是进行复杂的图像编辑处理前所必须掌握的知识点。

6.2.1 创建图层

在 Photoshop 中，用户可以在一个图像中创建多个图层，并可以创建不同用途的图层。主要有普通图层填充图层、调整图层和形状图层。

1. 创建新图层

空白图层是最普通的图层，在处理或编辑图像的时候经常要建立空白图层。在【图层】面板中，单击底部的【创建新图层】按钮，即可以在当前图层上直接新建一个空白图层，新建的图层会自动成为当前图层，如图 6-2 所示。

图 6-2 单击【创建新图层】按钮

用户也可以选择菜单栏中的【图层】|【新建】|【图层】命令，或从【图层】面板菜单中选择【新建图层】命令，或按住 Alt 键单击【创建新图层】按钮，打开如图 6-3 所示的【新建图层】对话框。在该对话框中进行设置后，单击【确定】按钮即可创建新图层。

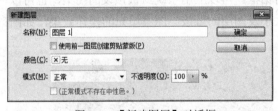

图 6-3 【新建图层】对话框

提示

如果要在当前图层的下面新建一个图层，按住 Ctrl 键单击【创建新图层】按钮即可。但【背景】图层下面不能创建图层。

2. 创建填充图层

创建填充图层就是创建一个填充纯色、渐变或图案的图层。它也可以基于选区进行局部的填充。单击【图层】面板底部的【创建新的填充或调整图层】按钮，从弹出的菜单中选择【纯色】、【渐变】或【图案】命令，即可创建填充图层。

选择【纯色】命令后，将在工作区中打开【拾色器】对话框来指定填充图层的颜色。因为填充的为实色，所以将覆盖下面的图层显示，这里将其不透明度修改为 50%，纯色填充的操作效果如图 6-4 所示。

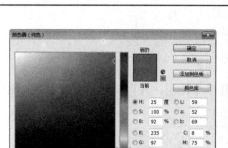

图 6-4　纯色填充效果

选择【渐变】命令后，将打开【渐变填充】对话框。通过该对话框进行设置，可以创建一个渐变填充图层，并可以修改渐变的样式、颜色、角度和缩放等属性。渐变填充的操作效果，如图 6-5 所示。

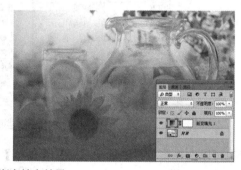

图 6-5　渐变填充效果

选择【图案】命令，将打开【图案填充】对话框。可以应用系统默认预设的图案，也可以应用自定义的图案来填充，并可以修改图案的大小及图层的链接。图案填充的操作效果，如图 6-6 所示。

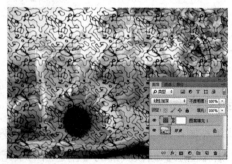

图 6-6　图案填充效果

3. 创建调整图层

调整图层主要用来调整图像的色彩，通过创建以【色阶】、【色彩平衡】以及【曲线】等调整命令功能为基础的调整图层，用户可以单独对其下方图层中的图像进行调整处理，并且不会破坏其下方的原图像文件。

【例 6-1】在打开的图像文件中，使用调整图层调整图像效果。

(1) 在 Photoshop 应用程序中，选择【文件】|【打开】命令，打开图像文件，如图 6-7 所示。

(2) 单击【调整】面板中的【创建新的色阶调整图层】命令图标，然后在【属性】面板中设置 RGB 复合通道的输入色阶数值为 32、0.87、255，如图 6-8 所示。

图 6-7　打开图像文件

图 6-8　创建【色阶】调整图层

(3) 单击【调整】面板中的【创建新的色彩平衡调整图层】图标，然后在【属性】面板中，设置中间调的色阶数值为 67、58、0，如图 6-9 所示。

(4) 在【属性】面板的【色调】下拉列表中选择【阴影】选项，并设置阴影的色阶数值为 28、8、18，如图 6-10 所示。

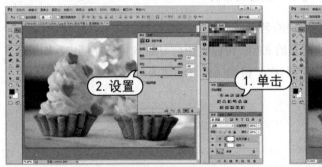

图 6-9　创建【色彩平衡】调整图层

图 6-10　调整图像

4. 创建形状图层

选择工具箱中的【钢笔】工具或【自定形状】工具，在选项栏中设置工作模式为【形状】，然后在文档中绘制图形，此时将自动产生一个形状图层，如图 6-11 所示。

图 6-11　创建形状图层

⑥.2.2 复制图层

Photoshop 提供了多种复制图层的方法。在复制图层时，可以在同一图像文件内复制任何图层，也可以复制选择操作的图层至另一个图像文件中。

选中图层内容后，可以利用菜单栏中的【编辑】|【拷贝】和【粘贴】命令在同一图像或不同图像间复制图层；也可以选择【移动】工具，拖动原图像的图层至目的图像文件中，从而进行不同图像间图层的复制。用户还可以单击【图层】面板右上角的 按钮，在弹出的面板菜单中选择【复制图层】命令，或在需要复制的图层上右击，从打开的快捷菜单中选择【复制图层】命令，然后在打开如图 6-12 所示的【复制图层】对话框中设置所需参数复制图层。

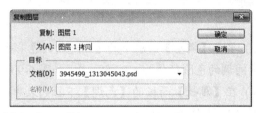

图 6-12　【复制图层】对话框

- 【为】：在该文本框可以输入复制图层的名称。
- 【文档】：在下拉列表中选择其他打开的文档，可以将图层复制到目标文档中。如果选择【新建】选项，则可以设置文档的名称，将图层内容创建为新建的文件。

⑥.2.3 删除图层

在图像处理中，对于一些不使用的图层，虽然可以通过隐藏图层的方式取消它们对图像整体显示效果的影响，但仍然存在于图像文件中，并且占用一定的磁盘空间。因此，用户可以根据需要及时地删除【图层】面板中不需要的图层，以精简图像文件。删除图层有以下几种方法。

- 选择需要删除的图层，将其拖动至【图层】面板底部的【删除图层】按钮上并释放鼠标，即可删除所选择的图层，如图 6-13 所示。

图 6-13　删除图层

● 选择需要删除的图层，单击【图层】面板中的【删除图层】按钮，在弹出的如图 6-14 所示的对话框中单击【是】按钮即可删除所选择的图层。

● 选择需要删除的图层，单击鼠标右键，在弹出的菜单中选择【删除图层】命令，如图 6-15 所示。在弹出的对话框中单击【是】按钮即可删除所选择的图层。

图 6-14　提示对话框

图 6-15　【删除图层】命令

6.2.4　选择、取消选择图层

如果要对图像文件中的某个图层进行编辑操作，就必须先选中该图层。在 Photoshop 中，可以选择单个图层，也可以选择连续或非连续的多个图层。在【图层】面板中单击一个图层，即可将其选中。

如果要选择多个连续的图层，选选择位于连续一端的图层，然后按住 Shift 键单击位于连续另一端的图层即可，如图 6-16 所示。

如果要选择多个非连续的图层，可以选择其中一个图层，然后按住 Ctrl 键单击其他图层名称，如图 6-17 所示。

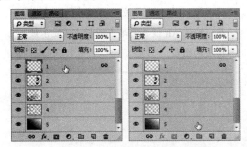

图 6-16　选择多个连续的图层

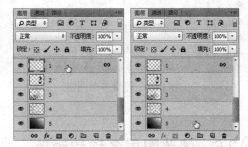

图 6-17　选择多个非连续的图层

💿 提示

选择一个图层后，按 Alt+]可将当前选中图层切换为与之相邻的上一个图层，按 Alt+[键可以将当前选中图层切换为与之相邻的下一个图层。

如果要选择所有图层，选择【选择】|【所有图层】命令，或按 Alt+Ctrl+A 键即可。需要注意的是，使用该命令只能选择【背景】图层以外的所有图层。

如果不需要选择任何图层，可以选择【选择】|【取消选择图层】命令。另外，也可以在【图

层】面板最下面的空白处单击，即可取消选择所有图层。

⑥2.5 隐藏与显示图层

图层缩览图左侧的 👁 图标用来控制图层的可见性。当在图层左侧显示有此图标时，表示图像窗口将显示该图层的图像。单击此图标，图标消失并隐藏图像窗口中该图层的图像，如图 6-18所示。

图 6-18　隐藏图层

如果同时选中了多个图层，选择【图层】|【隐藏图层】命令，可以将选中的图层都隐藏起来，如图 6-19 所示。

图 6-19　隐藏多个图层

提示

如果【图层】面板中有两个或两个以上的图层，按住 Alt 键单击图层左侧的图标，可以快速隐藏该图层以外的所有图层；按住 Alt 键再次单击图标，可显示被隐藏的图层。

⑥2.6 修改图层名称和颜色

在图层较多的文档中，修改图层名称及其颜色有助于快速找到相应的图层。选择【图层】|【重命名图层】命令或在图层名称上双击，可以激活名称文本框，输入名称即可修改图层名称，如图 6-20 所示。

更改图层颜色也是一种便于快速查找图层的方法，在图层上单击鼠标右键，在弹出的菜单中可以看到多种颜色名称，选择其中一种即可更改当前图层前方的色块效果，选择【无颜色】即可去除颜色效果，如图 6-21 所示。

图 6-20　修改图层名称

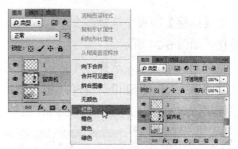

图 6-21　更改图层颜色

6.2.7　锁定图层

在【图层】面板中有多个锁定按钮，如图 6-22 所示，它们具有保护图层透明区域、图像像素和位置的锁定功能。用户可以根据需要使用这些按钮完全锁定或部分锁定图层，以免因操作失误而对图层的内容造成破坏。

在【图层】面板中选中图层组，然后选择【图层】|【锁定组内的所有图层】命令，打开如图 6-23 所示的【锁定组内的所有图层】对话框。在该对话框中，可以选择需要锁定的图层属性。

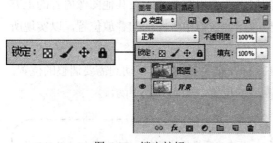

图 6-22　锁定按钮

图 6-23　【锁定组内的所有图层】对话框

- ◉ 【锁定透明像素】：单击该按钮，可将编辑范围限定在图层的不透明区域，图层的透明区域会受到保护。
- ◉ 【锁定图像像素】：单击该按钮，只能对图层进行移动或变换操作，不能在图层上进行绘画、擦除或应用滤镜。
- ◉ 【锁定位置】：单击该按钮，图层将不能移动。该功能对于设置了精确卫视的图像非常有用。
- ◉ 【锁定全部】：单击该按钮，图层将不能进行任何操作。

6.2.8　链接图层

链接图层可以链接两个或更多个图层或组进行同时移动或变换操作。但与同时选定的多个图层不同，链接的图层将保持关联，直至取消它们的链接为止。

计算机　基础与实训教材系列

在【图层】面板中选择多个图层或组后，单击面板底部的【链接图层】按钮即可将图层进行链接，如图 6-24 所示。

要取消图层链接，选择一个链接的图层，然后单击【链接图层】按钮。或者在要临时停用链接的图层上，按住 Shift 键并单击链接图层的链接图标，图标上出现一个红色的×表示该图层链接停用，如图 6-25 所示。按住 Shift 键单击图标可再次启用链接。

图 6-24　链接图层

图 6-25　临时停用链接

6.2.9　重新排列图层的顺序

在【图层】面板中，图层的排列顺序决定了图层中图像内容是显示在其他图像内容的上方还是下方。因此，通过移动图层的排列顺序可以更改图像窗口中各图像的叠放位置，以实现所需的效果。

在【图层】面板中单击需要移动的图层，按住鼠标左键不放，将其拖动到需要调整的位置，当出现一条双线时释放鼠标，即可将图层移动到需要的位置，如图 6-26 所示。

图 6-26　移动图层

> **提示**
>
> 　　在实际操作过程中，使用快捷键可以更加便捷、更加快速地调整图层堆叠顺序。选中图层后，按 Shift+Ctrl+]键可将图层置为顶层，按 Shift+Ctrl+[键可将图层置为底层；按 Ctrl+]键可将图层前移一层，按 Ctrl+[键可将图层后移一层。

用户也可以通过菜单栏中的【图层】|【排列】命令子菜单中的【置为顶层】、【前移一层】、【后移一层】、【置为底层】和【反向】命令排列选中的图层。

- ◉ 【置为顶层】：将所选图层调整到最顶层。
- ◉ 【前移一层】、【后移一层】：将选择的图层向上或向下移动一层。
- ◉ 【置为底层】：将所选图层调整到最底层。
- ◉ 【反向】：在【图层】面板中选择多个图层后，选择该命令可以反转所选图层的堆叠顺序。

6.3 对齐与分布图层

在 Photoshop 中，可以让选定的多个图层按照一定的方式自动对齐或按照一定的间距进行对齐分布。

6.3.1 对齐图层

在【图层】面板中选择两个图层，然后选择【移动】工具，这时选项栏中的对齐按钮被激活，如图 6-27 所示。

图 6-27 激活对齐按钮

- ⊙ 【顶对齐】按钮：单击该按钮，可以将所有选中的图层最顶端的像素与基准图层最上方的像素对齐。
- ⊙ 【垂直居中对齐】按钮：单击该按钮，可以将所有选中的图层垂直方向的中间像素与基准图层垂直方向的中心像素对齐。
- ⊙ 【底对齐】按钮：单击该按钮，可以将所有选中的图层最底端的像素与基准图层最下方的像素对齐。
- ⊙ 【左对齐】按钮：单击该按钮，可以将所有选中的图层最左端的像素与基准图层最左端的像素对齐。
- ⊙ 【水平居中对齐】按钮：单击该按钮，可以将所有选中的图层水平方向的中心像素与基准图层水平方向的中心像素对齐。
- ⊙ 【右对齐】按钮：单击该按钮，可以将所有选中图层最右端的像素与基准图层最右端的像素对齐。

6.3.2 自动对齐图层

选中多个图层后，在选项栏中单击【自动对齐图层】按钮按钮，可以打开【自动对齐图层】对话框。使用该功能可以根据不同图层中的相似内容自动对齐图层。可以指定一个图层作为参考图层，也可以让 Photoshop 自动选择参考图层。其他图层将与参考图层对齐，以便匹配的内容能够自行叠加。

【例 6-2】在 Photoshop 中，自动对齐图层拼合图像。

(1) 选择【文件】|【打开】命令，打开一个带有多个图层的图像文件，如图 6-28 所示。

(2) 在【图层】面板中，按 Ctrl 键单击选中【图层 1】、【图层 2】和【图层 3】，如图 6-29 所示。

图 6-28　打开图像文件　　　　　　　　　　图 6-29　选中图层

（3）在选项栏中单击【自动对齐图层】按钮，在打开的【自动对齐图层】对话框中选中【拼贴】单选按钮，然后单击【确定】按钮，如图 6-30 所示。

（4）选择【裁剪】工具，在图像画面中裁剪多余区域，如图 6-31 所示。

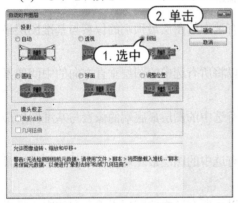
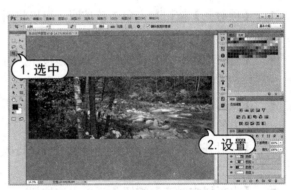

图 6-30　自动对齐图层　　　　　　　　　　图 6-31　裁剪图像

⑥.3.3　分布图层

在【图层】面板中，如果选择了 3 个或 3 个以上的图层，选项栏中的【分布】按钮也会被激活，如图 6-32 所示。

图 6-32　激活【分布】按钮

- ⦿　【按顶分布】按钮：单击该按钮，可以从每个图层的顶端像素开始，间隔均匀地分布选中图层。
- ⦿　【垂直居中分布】按钮：单击该按钮，可以从每个图层的垂直居中像素开始，间隔均匀地分布选中图层。
- ⦿　【按底分布】按钮：单击该按钮，可以从每个图层的底部像素开始，间隔均匀地分布选中图层。

- 【按左分布】按钮：单击该按钮，可以从每个图层的左侧像素开始，间隔均匀地分布选中图层。

- 【水平居中分布】按钮：单击该按钮，可以从每个图层的水平中心像素开始，间隔均匀地分布选中图层。

- 【按右分布】按钮：单击该按钮，可以从每个图层的右边像素开始，间隔均匀地分布选中图层。

【例 6-3】在 Photoshop 中，分布对齐图像制作证件照。

(1) 选择【文件】|【新建】命令，打开【新建】对话框。在对话框的【名称】文本框中输入"证件照"，设置【宽度】和【高度】的单位均为【厘米】，【宽度】为 13 厘米，【高度】为 9 厘米，设置【分辨率】为 150 像素/英寸，然后单击【确定】按钮，如图 6-33 所示。

(2) 选择【文件】|【置入】命令，在【置入】对话框中选择素材图像文件，然后单击【置入】按钮置入图像，如图 6-34 所示。

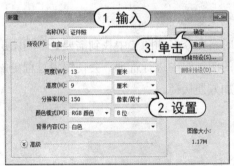

图 6-33 新建图像文件

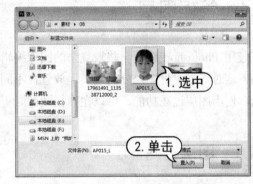

图 6-34 置入图像

(3) 调整置入图像的位置，按 Enter 键确认置入，并按 Alt+Ctrl 键移动并复制出 3 张照片，如图 6-35 所示。

(4) 在【图层】面板中选中所有证件照图像图层，并在选项栏中单击【顶对齐】按钮对齐图层，如图 6-36 所示。

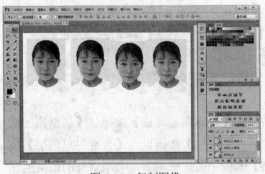

图 6-35 复制图像

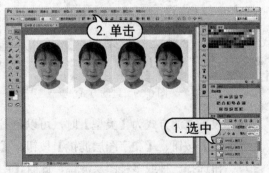

图 6-36 对齐图像

(5) 在选项栏中单击【水平居中分布】按钮，分布图像，如图 6-37 所示。

(6) 按住 Alt+Shift 键，同时使用【移动】工具向下移动复制 4 张证件照图像，完成证件照的制作，如图 6-38 所示。

图 6-37　分布图像

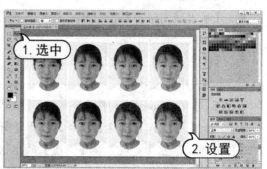

图 6-38　复制图像

6.4　管理图层

在使用 Photoshop 进行一些较复杂的图像编辑时，在众多的图层中找到需要处理的图层较为繁琐。这时，如果将图层分门别类地放置在不同的图层组中进行管理，会使编辑过程更加有条不紊。使用图层过滤功能，可以在查找图像时更加方便快捷。

6.4.1　图层过滤

图层过滤主要是通过对图层进行多种方法的分类，帮助用户快速查找复杂文件中的特定图层。在【图层】面板的顶部可以看到图层的过滤选项，其中包括【类型】、【名称】、【效果】、【模式】、【属性】和【颜色】6 种过滤方式，如图 6-39 所示。

图 6-39　过滤方式

> **提示**
>
> 在使用某种图层过滤时，单击右侧的【打开或关闭图层过滤】按钮■即可显示出所有图层。

- 设置过滤方式为【类型】时，可以单击右侧的【像素图层滤镜】按钮、【调整图层滤镜】按钮、【文字图层滤镜】按钮、【形状图层滤镜】按钮以及【智能对象图层】按钮选择一种或多种图层滤镜，此时【图层】面板中所选图层滤镜类型以外的图层全部被隐藏了，如图 6-40 所示。
- 设置过滤方式为【名称】时，可以在右侧的文本框中输入关键字，所有包含该关键字的图层都将显示出来，如图 6-41 所示。

计算机 基础与实训教材系列

图 6-40 【类型】方式

图 6-41 【名称】方式

- ⊙ 设置过滤方式为【效果】时，在右侧的下拉列表中选择一种效果，所有包含该效果的图层将显示在【图层】面板中，如图 6-42 所示。
- ⊙ 设置过滤方式为【模式】时，在右侧的下拉列表中选择某种模式，使用该模式的图层将显示在【图层】面板中，如图 6-43 所示。
- ⊙ 设置过滤方式为【属性】时，在右侧的下拉列表中选中一种属性，含有该属性的图层将显示在【图层】面板中，如图 6-44 所示。
- ⊙ 设置过滤方式为【颜色】时，在右侧的下拉列表中选中一种颜色，该颜色的图层将显示在【图层】面板中，如图 6-45 所示。

图 6-42 【效果】方式

图 6-43 【模式】方式

图 6-44 【属性】方式

图 6-45 【颜色】方式

- ⊙ 设置过滤方式为【选定】时，选中图层以外的图层将被隐藏，如图 6-46 所示。

图 6-46 【选定】方式

⑥.4.2 使用图层组

使用图层组功能可以方便地对大量图层进行统一管理设置，如统一设置不透明度、颜色混合模式及锁定设置等。在图像文件中，不仅可以从选定的图层创建图层组，还可以创建嵌套结构的图层组。创建图层组的方法非常简单，只要单击【图层】面板底部中的【创建新组】按钮，即可在当前选择图层的上方创建一个空白的图层组，如图 6-47 所示。

图 6-47 创建新图层组

图 6-48 将图层拖动至图层组中

用户可以在所需图层上单击并将其拖动至创建的图层组上释放，即可将选中图层放置在图层组中，如图 6-48 所示。

用户也可以在【图层】面板中先选中需要编组的图层，然后在面板菜单中选择【从图层新建组】命令，在打开如图 6-49 所示的【从图层新建组】对话框中可以设置新建组的参数选项，如名称和混合模式等。要创建嵌套结构的图层组，同样可以在选择了需要进行编组的图层组后，使用【从图层新建组】命令。

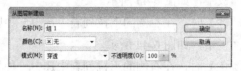

图 6-49 【从图层新建组】对话框

如要将图层组中的图层移出图层组，只要选择图层，然后按住鼠标左键将其拖动至图层组外，释放鼠标即可。如果要释放图层组，则在选中图层组后，单击鼠标右键，在弹出的快捷菜单中选择【取消图层编组】命令即可。

【例 6-4】在图像文件中创建嵌套图层组。

(1) 选择【文件】|【打开】命令，打开一个带有多个图层的图像文件，如图 6-50 所示。

(2) 在【图层】面板中选中 coin1 图层和 shadow1 图层，然后单击面板菜单按钮，在弹出的菜单中选择【从图层新建组】命令，如图 6-51 所示。

图 6-50 打开图像

图 6-51 从图层新建组

(3) 在打开的【从图层新建组】对话框中的【名称】文本框中输入 coin 1，【颜色】下拉列表中选择【黄色】，然后单击【确定】按钮，如图 6-52 所示。

(4) 使用与步骤(2)至步骤(3)相同方法，选中 coin 2 图层和 shadow 2 图层，并新建 coin 2 图层组，如图 6-53 所示。

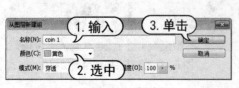

图 6-52 新建组

图 6-53 新建组

(5) 选中 coin 1、coin 2 图层组和 luckybag 图层，然后单击面板菜单按钮，在弹出的菜单中选择【从图层新建组】命令。在打开的【从图层新建组】对话框中的【名称】文本框中输入"物品"，【颜色】下拉列表中选择【绿色】，然后单击【确定】按钮，如图 6-54 所示。

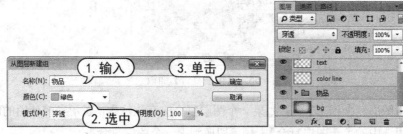

图 6-54　新建图层组

6.4.3　合并与盖印图层

要合并【图层】面板中的多个图层，可以在【图层】面板菜单中选择相关的合并命令。

- 【向下合并】命令：选择该命令，可以合并当前选择的图层与位于去其下方的图层，合并后会以选择的图层下方的图层名称作为新图层的名称。
- 【合并可见图层】命令：选择该命令，可以将【图层】面板中所有可见图层合并之当前选择的图层中。
- 【拼合图像】命令：选择该命令，可以合并当前所有的可见图层，并且删除【图层】面板中的隐藏图层。在删除隐藏图层的过程中，会打开一个系统提示对话框，单击其中的【确定】按钮即可完成图层的合并。

除了合并图层外，用户还可以盖印图层。盖印图层操作可以将多个图层的内容合并为一个目标图层，并且同时保持合并的原图层独立、完好。要盖印图层可以通过以下两种方法。

- 按 Ctrl+Alt+E 键可以将选定的图层内容合并，并创建一个新图层。
- 按 Shift+Ctrl+Alt+E 键可以将【图层】面板中所有可见图层内容合并到新建图层中。

6.5　图层复合

图层复合是【图层】面板状态的快照，它记录了当前文件中的图层可视性、位置和外观。通过图层复合，可在当前文件中创建多个方案，便于管理和查看不同方案效果。

6.5.1　【图层复合】面板

选择【窗口】|【图层复合】命令，可以打开如图 6-55 所示的【图层复合】面板。在【图

层复合】面板中，可以创建、编辑、切换和删除图层复合。

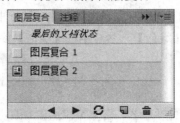

图 6-55 【图层复合】面板

- 【应用图层复合标志】 ⊞：如果一个图层复合前有该标志，表示当前使用的图层复合。
- 【应用选中的上一图层复合】 ◄ ：切换到上一个图层复合。
- 【应用选中的下一图层复合】 ► ：切换到下一个图层复合。
- 【更新图层复合】 ⟳ ：如果对图层复合进行重新编辑，单击该按钮可以更新编辑后的图层复合。
- 【创建新的图层复合】 ⬚ ：单击该按钮可以新建一个图层复合。
- 【删除图层复合】 🗑 ：将图层复合拖拽到该按钮上，即可将其删除。

6.5.2　创建图层复合

当创建好一个图像效果时，单击【图层复合】面板底部的【创建新的图层复合】按钮，可以创建一个图层复合，新的复合将记录【图层】面板中图层的当前状态。

在创建图层复合时，Photoshop 会弹出【新建图层复合】对话框。在该对话框中可以选择应用于图层的选项，包含【可见性】、【位置】和【外观(图层样式)】选项，也可以为图层复合添加文本注释。

【例 6-5】在 Photoshop 中，创建图层复合。

(1) 选择【文件】|【打开】命令，打开一个带有多个图层组的图像文件，如图 6-56 所示。

(2) 选择【窗口】|【图层复合】命令，打开【图层复合】面板。在【图层】面板中，关闭【组 2】和【组 3】图层组视图，如图 6-57 所示。

图 6-56　打开图像文件

图 6-57　设置图层

(3) 在【图层复合】面板中，单击【创建新的图层复合】按钮，打开【新建图层复合】对话框。在对话框的【名称】文本框中输入 "SAMPLE 1"，然后单击【确定】按钮，如图 6-58 所示。

(4) 使用步骤(2)至步骤(3)的操作方法，分别显示【组 2】和【组 3】图层组视图，创建 "SAMPLE 2" 和 "SAMPLE 3"，如图 6-59 所示。

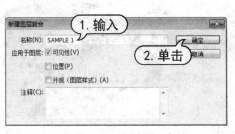

图 6-58　新建图层复合

图 6-59　新建图层复合

6.5.3　更改与更新图层复合

如果要更改创建好的图层复合，可以在【图层复合】面板菜单中选择【图层复合选项】命令，再次打开【图层复合选项】对话框重新设置。如果要更新修改后的图层复合，可以在【图层复合】面板底部单击【更新图层复合】按钮。

【例 6-6】 在 Photoshop 中，更改图层复合。

(1) 继续使用【例 6-5】创建的图层复合，在【图层复合】面板中单击 "SAMPLE 2" 前的【应用图层复合标志】按钮，如图 6-60 所示。

(2) 在【图层】面板中，展开【组 2】图层组，并双击 Bowknot 图层，打开【图层样式】对话框。在该对话框中，选中【投影】对话框，并设置【大小】为 24 像素，【距离】为 12 像素，然后单击【确定】按钮，如图 6-61 所示。

计算机基础与实训教材系列

图 6-60　单击【应用图层复合标志】按钮

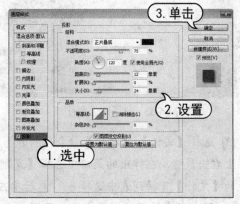

图 6-61　应用【投影】

(3) 单击【图层复合】面板菜单按钮，在弹出的菜单中选择【图层复合选项】命令，打开【图层复合选项】对话框。在该对话框的【名称】文本框中添加文字"(修改)"，并选中【外观(图层样式)】复选框，然后单击【确定】按钮更改图层复合，再单击【更新图层复合】按钮，如图 6-62 所示。

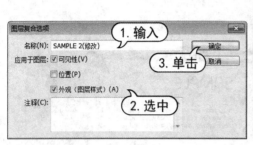

图 6-62　更改图层复合

6.6　上机练习

本章的上机练习通过制作桌面壁纸的综合实例，使用户通过练习巩固本章所学相关图层操作方法及技巧。

(1) 在 Photoshop 中，选择【文件】|【打开】命令，打开一幅素材图像，如图 6-63 所示。

(2) 选择【文件】|【置入】命令，在打开的【置入】对话框中选择 pattern 图像文件，单击【置入】按钮置入图像。在【图层】面板中设置 pattern 图层的图层混合模式为【颜色减淡】，【填充】为 40%，如图 6-64 所示。

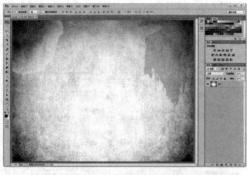
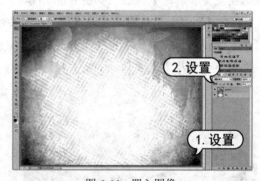

图 6-63　打开图像文件　　　　　　　图 6-64　置入图像

(3) 选择【文件】|【打开】命令，打开 bg2 素材图像文件。在【图层】面板中的【背景】图层上右击鼠标，在弹出的菜单中选择【复制图层】命令，打开【复制图层】对话框。在该对话框的【文档】下拉列表中选择 bg，然后单击【确定】按钮，如图 6-65 所示。

(4) 返回正在编辑的图像文件，设置刚复制的图层的图层混合模式为【正片叠底】，如图 6-66 所示。

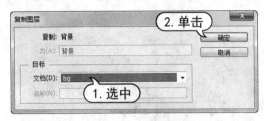

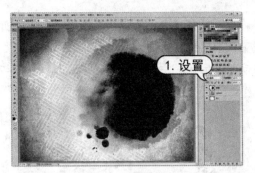

图 6-65　复制图层　　　　　　　　　　　　图 6-66　设置图层

(5) 选择【魔棒】工具，在选项栏中设置【容差】为 100，然后使用【魔棒】工具在图像的黑色区域单击创建选区，如图 6-67 所示。

(6) 选择【文件】|【打开】命令，打开 tea set 素材图像文件。按 Ctrl+A 键全选图像，并按 Ctrl+C 键复制图像，如图 6-68 所示。

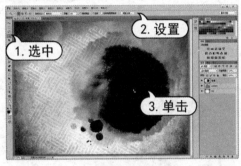

图 6-67　创建选区　　　　　　　　　　　　图 6-68　复制图像

(7) 返回正在编辑的图像文件，选择【编辑】|【选择性粘贴】|【贴入】命令贴入复制的图像，并选择【移动】工具调整贴入图像的位置，如图 6-69 所示。

(8) 在【图层】面板中选中【图层 1】图层蒙版，选择【画笔】工具，设置画笔大小为 300 像素，【不透明度】为 20%，然后使用【画笔】工具在图层蒙版中涂抹，如图 6-70 所示。

图 6-69　贴入图像　　　　　　　　　　　　图 6-70　调整图层蒙版

(9) 选择【直排文字】工具，在图像中单击创建插入点，并在选项栏中设置字体系列为叶根友行书繁，字体大小为 105 点，然后输入文字内容，并按 Ctrl+Enter 键结束输入，如图 6-71 所示。

计算机 基础与实训教材系列

(10) 选择【文件】|【置入】命令，在打开的【置入】对话框中选择 fruit 图像文件，单击【置入】按钮置入图像。在【图层】面板中设置 fruit 图层的图层混合模式为【正片叠底】，并移动图像位置，按 Enter 键确认置入，如图 6-72 所示。

图 6-71　输入文字　　　　　　　　　　　图 6-72　置入图像

6.7　习题

1. 在图像文件中，创建调整图层调整图像效果，如图 6-73 所示。

图 6-73　创建调整图层

2. 使用 Photoshop 的对齐分布功能排列图像，效果如图 6-74 所示。

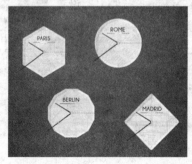
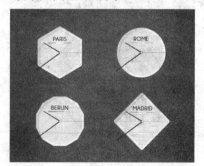

图 6-74　对齐分布图像

第7章

调整色调与色彩

学习目标

Photoshop 应用程序中提供了强大的图像色彩调整功能，可以使图像文件更加符合用户编辑处理的需求。本章主要介绍 Photoshop CC 中常用的色彩、色调处理命令，使用户能熟练应用处理图像画面色彩效果。

本章重点

- ⊙ 快速调整图像
- ⊙ 调整图像曝光
- ⊙ 调整图像色彩

7.1 快速调整图像

Photoshop 中的自动调整命令允许无须在对话框中进行参数的输入与设置，只需在选择图像后对其执行自动调整命令，即可直接在图像上显示该调整命令的效果。Photoshop 中的自动调整功能能智能地对画面进行调整，极大地方便了用户的操作。

7.1.1 自动调整命令

Photoshop 提供了自动调整图像命令，包括【自动色调】、【自动对比度】和【自动颜色】命令。选择菜单栏中的【图像】|【自动色调】、【自动对比度】或【自动颜色】命令，即可自动调整图像效果。

- ⊙ 【自动色调】命令主要用于调整图像的明暗度，定义每个通道中最亮和最暗的像素作为白和黑，然后按比例重新分配其间的像素值。

- 【自动对比度】命令可以自动调整一幅图像亮部和暗部的对比度。它将图像中最暗的像素转换成为黑色，最亮的像素转换为白色，从而增大图像的对比度。

- 【自动颜色】命令通过搜索图像来标识阴影、中间调和高光，从而调整图像的对比度和颜色。默认情况下，【自动颜色】使用 RGB128 灰色这一目标颜色来中和中间调，并将阴影和高光像素剪切 0.5%。用户可以在【自动颜色校正选项】对话框中更改这些默认值。

【例 7-1】使用自动调整命令调整图像效果。

(1) 选择【文件】|【打开】命令打开素材图像文件，按 Ctrl+J 键复制图像，如图 7-1 所示。

(2) 选择【图像】|【自动色调】命令，然后选择【图像】|【自动颜色】命令，如图 7-2 所示。

图 7-1　打开图像文件

图 7-2　自动调整图像

⑦.1.2　对图像快速去色

【去色】命令可以调整图像中所有颜色的饱和度成为 0。也就是说，可将所有颜色转化为灰阶值。该命令可保持原来的彩色模式，只是将彩色图像变为灰阶图，如图 7-3 所示。选择【图像】|该【调整】|【去色】命令，即可快速去除图像颜色。

图 7-3　应用【去色】命令

⑦.1.3　创建反相效果

【反相】命令用于产生原图像的负片，如图 7-4 所示。当使用此命令后，白色就变成了黑

色，也就是像素值由 255 变成了 0，其他的像素点也取其对应值(255-原像素值=新像素值)。此命令在通道运算中经常被使用。选择【图像】|【调整】|【反相】命令，即可创建反相效果。

图 7-4　应用【反相】命令

7.1.4　应用【色调均化】命令

　　【色调均化】命令可重新分配图像中各像素的像素值，如图 7-5 所示。选择此命令后，Photoshop 会寻找图像中最亮和最暗的像素值，并且平均所有的亮度值，使图像中最亮的像素代表白色，最暗的像素代表黑色，中间各像素值按灰度重新分配。如果图像中存在选区，则选择【色调均化】命令时会弹出如图 7-6 所示的【色调均化】对话框。

图 7-5　应用【色调均化】命令　　　　图 7-6　【色调均化】对话框

- ⊙ 【仅色调均化所选区域】：选中该单选按钮，仅均化选区内的像素。
- ⊙ 【基于所选区域色调均化整个图像】：选中该单选按钮，可以按照选区内的像素均化整个图像的像素。

7.1.5　应用【阈值】命令

　　【阈值】命令可将彩色或灰阶的图像变成高对比度的黑白图像，如图 7-7 所示。在该对话框中可通过拖动滑块来改变阈值，也可在阈值色阶后面直接输入数值阈值。当设定阈值时，所有像素值高于此阈值的像素点变为白色，低于此阈值的像素点变为黑色。

图 7-7 应用【阈值】命令

⑦.1.6 应用【色调分离】命令

【色调分离】命令可定义色阶的多少。在灰阶图像中可使用此命令来减少灰阶数量，形成一些特殊的效果。在【色调分离】对话框中，可直接输入数值来定义色调分离的级数，执行此命令后的图像效果如图 7-8 所示。

图 7-8 应用【色调分离】命令

⑦.2 调整图像曝光

不同的图像获取方式会产生不同的曝光问题，在 Photoshop 中可以使用相应的调整命令调整图像的曝光问题。

⑦.2.1 【亮度/对比度】命令

使用【亮度/对比度】命令，可以对图像的色调范围进行简单的调整。将【亮度】滑块向右移动会增加色调值并扩展图像高光，而将【亮度】滑块向左移动会减少色调值并扩展阴影。【对比度】滑块可扩展或收缩图像中色调值的总体范围。

【例7-2】使用【亮度/对比度】命令调整图像。

(1) 选择【文件】|【打开】命令打开素材图像文件，按 Ctrl+J 键复制图像，如图 7-9 所示。

(2) 选择菜单栏中的【图像】|【调整】|【亮度/对比度】命令，打开【亮度/对比度】对话框。将【亮度】滑块向右移动会增加色调值并扩展图像高光，相反则会减少值并扩展阴影。【对比度】滑块可扩展或收缩图像中色调值的总体范围。设置【亮度】值为-5，【对比度】值为 60，然后单击【确定】按钮应用调整，如图 7-10 所示。

图 7-9　打开图像文件

图 7-10　应用【亮度/对比度】命令

⑦.2.2　【色阶】命令

使用【色阶】命令可以通过调整图像的阴影、中间调和高光的强度级别，从而校正图像的色调范围和色彩平衡。【色阶】直方图用作调整图像基本色调的直观参考。

选择【图像】|【调整】|【色阶】命令，打开如图 7-11 所示的【色阶】对话框。该对话框中的【输入色阶】选项用于调节图像的色调对比度，它由暗调、中间调及高光 3 个滑块组成。滑块往右移动图像越暗，反之则越亮。下端文本框内显示设定结果的数值，也可通过改变文本框内的值对【色阶】进行调整。【输出色阶】用于调节图像的明度，使图像整体变亮或变暗。左边的黑色滑块用于调节深色系的色调，右边的白色的滑块用于调节浅色系的色调。

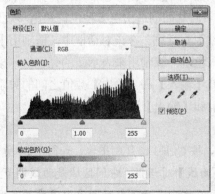

图 7-11　【色阶】对话框

 提示 ┄┄┄┄┄┄

在【色阶】对话框中不仅可以选择合成的通道进行调整，而且可以选择不同的颜色通道来进行个别调整。如果要同时调整两个通道，首先按住 Shift 键，在【通道】面板中选择两个通道，然后再选择【色阶】命令即可。

在【色阶】对话框中还有 3 个吸管按钮，即【设置黑场】、【设置灰场】和【设置白场】。

【设置黑场】按钮的功能是选定图像的某一色调。【设置灰场】的功能是将比选定色调暗的颜色全部处理为黑色。【设置白场】的功能是将比选定色调亮的颜色全部处理为白色，并将与选定色调相同的颜色处理为中间色。

 提示

> 调整过程中，如果用户对调整的结果不满意，按住 Alt 键，此时对话框中的【取消】按钮会变成【复位】按钮。单击【复位】按钮，可将图像还原到初始状态。

【例 7-3】使用【色阶】命令调整图像。

(1) 选择【文件】|【打开】命令打开素材图像文件，按 Ctrl+J 键复制图像，如图 7-12 所示。

(2) 选择菜单栏中的【图像】|【调整】|【色阶】命令，打开【色阶】对话框。在该对话框中，设置【输入色阶】为 87、0.73、255，然后单击【确定】按钮，如图 7-13 所示。

图 7-12　打开图像文件

图 7-13　应用【色阶】命令

7.2.3　【曲线】命令

【曲线】命令和【色阶】命令类似，都用来调整图像的色调范围。不同的是，【色阶】命令只能调整亮部、暗部和中间灰度，而【曲线】命令可以对图像的 R(红色)、G(绿色)、B(蓝色)和 RGB 4 个通道中 0~255 范围内的任意点进行色彩调节，从而创造出更多种色调和色彩效果。

选择【图像】|【调整】|【曲线】命令，打开【曲线】对话框。在该对话框中，横轴用来表示图像原来的亮度值，相当于【色阶】对话框中的输入色阶；纵轴用来表示新的亮度值，相当于【色阶】对话框中的输出色阶；对角线用来显示当前【输入】和【输出】数值之间的关系，在没有进行调整时，所有的像素都使用相同的【输入】和【输出】数值。

【例 7-4】使用【曲线】命令调整图像。

(1) 选择【文件】|【打开】命令打开素材图像文件，按 Ctrl+J 键复制图像，如图 7-14 所示。

(2) 选择【图像】|【调整】|【曲线】命令，打开【曲线】对话框。中间区域是曲线调节区。网格线的水平方向表示图像文件中像素的亮度分布。垂直方向表示调整后图像中像素的亮度分布，即输出色阶。在打开【曲线】对话框时，曲线是一条 45° 的直线，表示此时输入与输出的

亮度相等。通过调整曲线的形状，改变像素的输入、输出亮度，即可改变图像的色阶。在对话框的曲线调节区内，调整 RGB 通道曲线的形状，如图 7-15 所示。

图 7-14　打开图像文件

图 7-15　调整 RGB 通道曲线

(3) 【通道】下拉列表用于选取需要调整色调的通道，使用调整曲线调整色调，而不会影响其他的颜色通道色调分布。在【通道】下拉列表中选择【红】通道选项。在曲线调节区，调整红通道曲线形状，如图 7-16 所示。

(4) 在【通道】下拉列表中选择【蓝】通道选项。在曲线调节区内，调整蓝通道曲线的形状，最后单击【确定】按钮，如图 7-17 所示。

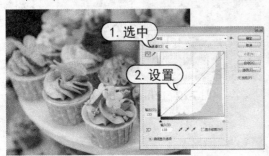

图 7-16　调整红通道曲线

图 7-17　调整蓝通道曲线

 知识点

在【曲线】对话框中，单击【铅笔】按钮，可以使用【铅笔】工具随意地在图表中绘制曲线形态。绘制完成后，还可以通过单击对话框中的【平滑】按钮，使绘制的曲线形态变得平滑。

7.2.4　【曝光度】命令

【曝光度】对话框的作用是调整 HDR(32 位)图像的色调，但也可用于 8 位和 16 位图像。曝光度是通过在线性颜色空间(灰度系数 1.0)而不是图像的当前颜色空间执行计算而得出的。选择【图像】|【调整】|【曝光度】命令，打开如图 7-18 所示的【曝光度】对话框。

- 【曝光度】：调整色调范围的高光端，对极限阴影的影响很轻微。
- 【位移】：使阴影和中间调变暗，对高光的影响很轻微。
- 【灰度系数校正】：使用简单的乘方函数调整图像灰度系数。

计算机　基础与实训教材系列

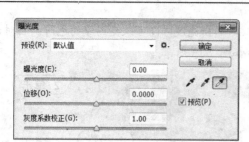

图 7-18 【曝光度】对话框

知识点

使用设置黑场吸管工具在图像中单击，可以使单击点的像素变为黑色；设置白场吸管工具可以使单击点的像素变为白色；设置灰场吸管工具可以使单击点的像素变为中度灰色。

【例7-5】 使用【曝光度】命令调整图像。

(1) 选择【文件】|【打开】命令打开素材图像文件，按Ctrl+J键复制图像，如图7-19所示。

(2) 选择【图像】|【调整】|【曝光度 】命令，打开【曝光度】对话框。在该对话框中设置【曝光度】为-0.11，【位移】为-0.0754，【灰度系数校正】为0.38，然后单击【确定】按钮应用，如图7-20所示。

图 7-19 打开图像文件

图 7-20 应用【曝光度】命令

⑦.2.5 【阴影/高光】命令

【阴影/高光】命令适用于校正由强逆光而形成剪影的照片，或者校正由于太接近相机闪光灯而有些发白的焦点。该命令不是简单地使图像变亮或变暗，它基于阴影或高光中的周围像素(局部相邻像素)增亮或变暗。

【例7-6】 使用【阴影/高光】命令调整图像。

(1) 选择【文件】|【打开】命令打开素材图像文件，按Ctrl+J键复制图像，如图7-21所示。

(2) 选择【图像】|【调整】|【阴影/高光】命令，打开【阴影/高光】对话框。在该对话框中设置高光【数量】为25%，如图7-22所示。

(3) 选中【显示更多选项】复选框，在【高光】选项区域中，设置【色调宽度】为40%，【半径】为250像素。在【调整】选项区域中，设置【颜色校正】为-10，【中间调对比度】为40，然后单击【确定】按钮应用，如图7-23所示。

图 7-21 打开图像文件

图 7-22 设置高光

图 7-23 应用【阴影/高光】命令

⑦.3 调整图像色彩

用户可以利用 Photoshop 中的调整命令对图像的颜色进行调整修饰,如提高图像的色彩饱和度、更改色调、制作黑白图像或对部分颜色进行调整等,以完善图像颜色,丰富图像画面效果。

⑦.3.1 【色相/饱和度】命令

【色相/饱和度】命令主要用于改变图像像素的色相、饱和度和明度,而且还可以通过给像素定义新的色相和饱和度,实现给灰度图像上色的功能,也可以创作单色调效果。

选择【图像】|【调整】|【色相/饱和度】命令,可以打开如图 7-24 所示的【色相/饱和度】对话框进行参数设置。由于位图和灰度模式的图像不能使用【色相/饱和度】命令,所以使用前必须先将其转化为 RGB 模式或其他的颜色模式。

图 7-24 【色相/饱和度】对话框

> **知识点**
>
> 在【色相/饱和度】对话框中，单击【预设选项】按钮，在打开的菜单中可以选择【存储预设】和【载入预设】命令。【存储预设】命令可以保存对话框中的设置，其文件扩展名为.AHU。

【例 7-7】使用【色相/饱和度】命令调整图像。

(1) 选择【文件】|【打开】命令打开素材图像文件，按 Ctrl+J 键复制图像，如图 7-25 所示。

(2) 选择【图像】|【调整】|【色相/饱和度】命令，打开【色相/饱和度】对话框。在该对话框中，设置通道为【青色】，【色相】为-145，【饱和度】为 5，然后单击【确定】按钮应用调整，如图 7-26 所示。

图 7-25 打开图像文件

图 7-26 应用【色相/饱和度】命令

⑦.3.2 【色彩平衡】命令

使用【色彩平衡】命令可以调整彩色图像中颜色的组成。因此，【色彩平衡】命令多用于调整偏色图片，或者用于特意突出某种色调范围的图像处理。

在【色彩平衡】对话框的【色彩平衡】选项区中，【色阶】数值框可以调整 RGB 到 CMYK 色彩模式键对应的色彩变化，其取值范围为-100~100。用户也可以直接拖动文本框下方的颜色滑块的位置来调整图像的色彩效果。【色调平衡】选项区中，可以选择【阴影】、【中间调】和【高光】3 个色调调整范围。选中其中任一单选按钮后，即可对相应色调的颜色进行调整。

【例 7-8】使用【色彩平衡】命令调整图像。

(1) 选择【文件】|【打开】命令打开素材图像文件，按 Ctrl+J 键复制图像，如图 7-27 所示。

(2) 选择【图像】|【调整】|【色彩平衡】命令，打开【色彩平衡】对话框。在该对话框中，设置中间调色阶数值为 30、45、-20，如图 7-28 所示。

图 7-27 打开图像文件

图 7-28 设置中间调

(3) 选中【阴影】单选按钮，设置阴影色阶数值为 25、0、10，然后单击【确定】按钮应用设置，如图 7-29 所示。

图 7-29 设置阴影

📖 **知识点**

在【色彩平衡】对话框中，选中【保持明度】复选框则可以在调整色彩时保持图像明度不变。

7.3.3 【匹配颜色】命令

【匹配颜色】命令可以将一个图像(源图像)的颜色与另一个图像(目标图像)中的颜色相匹配，它比较适合使多个图像的颜色保持一致。此外，该命令还可以匹配多个图层和选区之间的颜色。选择【图像】|【调整】|【匹配颜色】命令，可以打开如图 7-30 所示的【匹配颜色】对话框。在该对话框中，可以对其参数进行设置，使用同样两张图像进行匹配颜色操作后，可以产生不同的视觉效果。【匹配颜色】对话框中各选项作用如下。

图 7-30 【匹配颜色】对话框

📖 **知识点**

单击【载入统计数据】按钮，可以载入已存储的设置；单击【存储统计数据】按钮，可以将当前的设置进行保存。使用载入的统计数据时，无需在 Photoshop 中打开源图像即可完成匹配目标图像的操作。

- ◉ 【明亮度】：拖动此选项下方滑块可以调节图像的亮度，设置的数值越大，得到的图像亮度越亮，反之则越暗。
- ◉ 【颜色强度】：拖动此选项下方滑块可以调节图像的颜色饱和度，设置的数值越大，得到的图像所匹配的颜色饱和度越大。
- ◉ 【渐隐】：拖动此选项下方滑块可以得到图像的颜色和图像的原色相近的程度，设置的数值越大得到的图像越接近颜色匹配前的效果。
- ◉ 【中和】：选中此复选框，可以自动去除目标图像中的色痕。
- ◉ 【源】：在其下拉列表中可以选取要将其颜色与目标图像中的颜色相匹配的源图像。
- ◉ 【图层】：在此下拉列表中可以从要匹配其颜色的源图像中选取图层。

【例 7-9】使用【匹配颜色】命令调整图像效果。

(1) 在 Photoshop 中，选择【文件】|【打开】命令，打开两幅图像文件，并选中 1.jpg 图像文件，如图 7-31 所示。

图 7-31　打开图像

(2) 选择【图像】|【调整】|【匹配颜色】命令，打开【匹配颜色】对话框。在该对话框的【图像统计】选项区的【源】下拉列表中选择 2.jpg 图像文件，如图 7-32 所示。

(3) 在【图像选项】区域中，选中【中和】复选框，设置【渐隐】为 30，【明亮度】为 50，【颜色强度】为 180，然后单击【确定】按钮，如图 7-33 所示。

 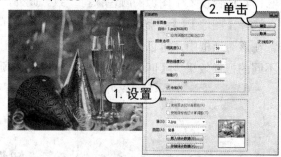

图 7-32　设置源　　　　　　　　　　图 7-33　应用【匹配颜色】命令

⑦.3.4　【替换颜色】命令

使用【替换颜色】命令，可以创建临时性的蒙版，以选择图像中的特定颜色，然后替换颜色；也可以设置选定区域的色相、饱和度和亮度，或者使用拾色器来选择替换颜色。

【例 7-10】使用【替换颜色】命令调整图像。

(1) 选择【文件】|【打开】命令打开素材图像文件，按 Ctrl+J 键复制图像，如图 7-34 所示。

(2) 选择【图像】|【调整】|【替换颜色】命令，打开【替换颜色】对话框。在该对话框中，设置【颜色容差】为 145，然后使用【吸管】工具在图像背景区域中单击，如图 7-35 所示。

图 7-34　打开图像文件

图 7-35　使用【替换颜色】命令

(3) 在【替换颜色】对话框的【替换】选项区中，设置【色相】为 180，【饱和度】为 5，如图 7-36 所示。

(4) 单击【添加到取样】按钮，在图像阴影区域单击，然后单击【确定】按钮应用设置，如图 7-37 所示。

图 7-36　设置颜色

图 7-37　添加取样

7.3.5　【可选颜色】命令

【可选颜色】命令可以有选择地修改任何主要颜色中的印刷色数量，而不会影响其他主要颜色。选择【图像】|【调整】|【可选颜色】命令，可以打开【可选颜色】对话框。在该对话框的【颜色】下拉列表框中，可以选择所需调整的颜色。

【例 7-11】使用【可选颜色】命令调整图像。

(1) 选择【文件】|【打开】命令打开素材图像文件，按 Ctrl+J 键复制图像，如图 7-38 所示。

(2) 选择【图像】|【调整】|【可选颜色】命令，打开【可选颜色】对话框。在该对话框的【颜色】下拉列表中选择【青色】选项，设置【青色】为-47%、【洋红】为 100%、【黄色】为 81%、【黑色】为 0%，如图 7-39 所示。

图 7-38　打开图像文件

图 7-39　设置颜色

(3) 在【可选颜色】对话框的【颜色】下拉列表中选择【蓝色】选项，设置【青色】为-100%、【洋红】为 100%、【黄色】为 100%、【黑色】为-22%，然后单击【确定】按钮应用，如图 7-40 所示。

图 7-40　设置颜色

知识点

【可选颜色】对话框中【方法】选项用来设置色值的调整方式。选中【相对】单选按钮时，可按照总量的百分比修改现有的青色、洋红、黄色或黑色的含量；选中【绝对】单选按钮时，可采用绝对值调整颜色。例如，如果从 50%的洋红像素开始添加 10%，则结果为 60%洋红。

⑦.3.6　【通道混合器】命令

【通道混合器】命令可以使用图像中现有(源)颜色通道的混合来修改目标(输出)颜色通道，从而控制单个通道的颜色量。利用该命令可以创建高品质的灰度图像，或者其他色调图像，也可以对图像进行创造性的颜色调整。选择【图像】|【调整】|【通道混合器】命令，可以打开【通道混合器】对话框，如图 7-41 所示。

- 【预设】：可以在此选项的下拉列表中选择使用预设的通道混合器。
- 【输出通道】：可以选择要在其中混合一个或多个现有的通道。
- 【源通道】：该选项组用来设置输出通道中源通道所占的百分比。将一个源通道的滑块向左拖动时，可减小该通道在输出通道中所占的百分比；向右拖动时，则增加百分比。【总计】选项显示了源通道的总计值。如果合并的通道值高于 100%，Photoshop 会在总计显示警告图标。
- 【常数】：用于调整输出通道的灰度值，如果设置的是负数数值，会增加更多的黑色；

如果设置的是正数数值，会增加更多的白色。

- 【单色】：选中该复选框，可将彩色的图像变为无色彩的灰度图像。

图 7-41　【通道混合器】对话框

【例 7-12】使用【通道混合器】命令调整图像。

(1) 选择【文件】|【打开】命令打开素材图像文件，按 Ctrl+J 键复制图像，如图 7-42 所示。

(2) 选择【图像】|【调整】|【通道混合器】命令，打开【通道混合器】对话框。在对话框的【输出通道】下拉列表中选择【红】选项，设置【红色】为 62%、【绿色】为 26%、【蓝色】为 27%，如图 7-43 所示。

图 7-42　打开图像

图 7-43　设置红通道

(3) 在【通道混合器】对话框的【输出通道】下拉列表中选择【蓝】选项，设置【红色】为 10%、【绿色】为 9%、【蓝色】为 142%、【常数】为 4%，然后单击【确定】按钮，如图 7-44 所示。

图 7-44　设置蓝通道

计算机 基础与实训教材系列

⑦.3.7 【照片滤镜】命令

【照片滤镜】命令可以模拟通过彩色校正滤镜拍摄照片的效果。该命令还允许用户选择预设的颜色或者自定义的颜色向图像应用色相调整。选择【图像】|【调整】|【照片滤镜】命令，可以打开如图 7-45 所示【照片滤镜】对话框。该对话框中各选项作用如下。

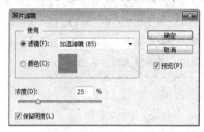

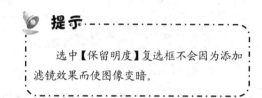

提示

选中【保留明度】复选框不会因为添加滤镜效果而使图像变暗。

图 7-45　【照片滤镜】对话框

- ⦿ 【滤镜】：在下拉列表中可以选择要使用的滤镜，Photoshop 可以模拟在相机镜头前添加彩色滤镜，以调整通过镜头传输的光的色彩平衡和色温。
- ⦿ 【颜色】：单击该选项右侧的颜色块，可以在打开的【拾色器】对话框中设置自定义的滤镜颜色。
- ⦿ 【浓度】：可调整应用到图像中的颜色数量，该值越高，颜色调整幅度越大。

【例 7-13】使用【照片滤镜】命令调整图像。

(1) 选择【文件】|【打开】命令打开素材图像文件，按 Ctrl+J 键复制图像，如图 7-46 所示。

(2) 选择【图像】|【调整】|【照片滤镜】命令，即可打开【照片滤镜】对话框。在该对话框中的【滤镜】下拉列表中选择【深蓝】选项，设置【浓度】为 44%，然后单击【确定】按钮应用设置，如图 7-47 所示。

图 7-46　打开图像文件

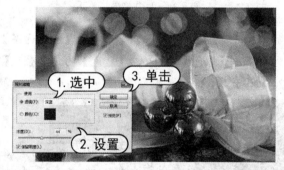

图 7-47　应用【照片滤镜】命令

⑦.3.8 【渐变映射】命令

【渐变映射】命令用于将相等的图像灰度范围映射到指定的渐变填充色中，如果指定的是双色渐变填充，图像中的阴影会映射到渐变填充的一个端点颜色，高光则映射到另一个端点颜色，而中间调则映射到两个端点颜色之间的渐变。

【例 7-14】使用【渐变映射】命令调整图像。

(1) 选择【文件】|【打开】命令打开素材图像文件，按 Ctrl+J 键复制图像，如图 7-48 所示。

(2) 选择【图像】|【调整】|【渐变映射】命令，即可打开【渐变映射】对话框，通过单击渐变预览，打开【渐变编辑器】对话框。在对话框中单击【紫、橙渐变】，然后单击【确定】按钮，即可将该渐变颜色添加到【渐变映射】对话框中，再单击【渐变映射】对话框中的【确定】按钮，即可应用设置的渐变效果到图像中，如图 7-49 所示。

图 7-48　打开图像文件

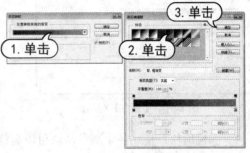

图 7-49　应用【渐变映射】命令

(3) 在【图层】面板中，设置【图层 1】图层的混合模式为【柔光】，如图 7-50 所示。

图 7-50　设置图层

提示

【渐变选项】选项组中包含【仿色】和【反向】两个复选框。选中【仿色】复选框时，在映射时将添加随机杂色，平滑渐变填充的外观并减少带宽效果；选中【反向】复选框时，则会将相等的图像灰度范围映射到渐变色的反向。

⑦.3.9　【黑白】命令

【黑白】命令可将彩色图像转换为灰度图像，同时保持对各颜色的转换方式的完全控制。此外，也可以为灰度图像着色，将彩色图像转换为单色图像。选择【图像】|【调整】|【黑白】命令，打开如图 7-51 所示的【黑白】对话框，Photoshop 会基于图像中的颜色混合执行默认的灰度转换。

- ⦿ 【预设】：在下拉列表中可以选择一个预设的调整设置，如图 7-52 所示。如果要存储当前的调整设置结果为预设，单击该选项右侧的【预设选项】按钮，在弹出的下拉菜单中选择【存储预设】命令即可。

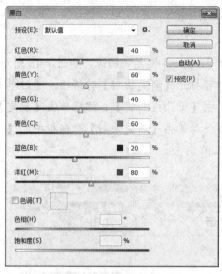
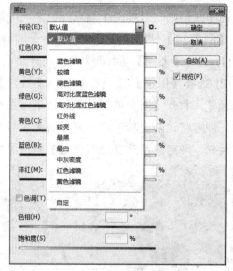

图 7-51 【黑白】对话框　　　　　　　　　　　图 7-52 【预设】下拉列表

● 颜色滑块：拖动各个颜色滑块可以调整图像中特定颜色的灰色调。

● 【色调】：如果要对灰度应用色调，可选中【色调】复选框，并调整【色相】和【饱和度】滑块。【色相】滑块可更改色调颜色，【饱和度】滑块可提高或降低颜色的集中度。单击颜色色板可以打开【拾色器】对话框调整色调颜色。

● 【自动】：单击该按钮，可设置基于图像的颜色值的灰度混合，并使灰度值的分布最大化。【自动】混合通常会产生极佳的效果，并可以用作使用颜色滑块调整灰度值的起点。

【例 7-15】使用【黑白】命令调整图像。

(1) 选择【文件】|【打开】命令打开素材图像文件，按 Ctrl+J 键复制图像，如图 7-53 所示。

(2) 选择【图像】|【调整】|【黑白】命令，打开【黑白】对话框。在该对话框中，设置【红色】为-73%，【黄色】为 36%，【蓝色】为 85%，【洋红】为 145%，如图 7-54 所示。

图 7-53 打开图像文件　　　　　　　　　　图 7-54 使用【黑白】命令

(3) 选中【色调】复选框，设置【色相】为 199°，【饱和度】为 11%，然后单击【确定】按钮应用调整，如图 7-55 所示。

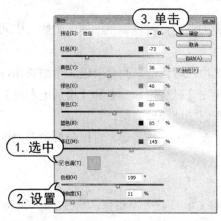

图 7-55 应用【黑白】命令

(7).3.10 【变化】命令

【变化】命令是一个非常简单和直观的图像调整命令。使用该命令。只需单击图像的缩览图便可以调整色彩平衡、对比度和饱和度，并且还可以观察到原图像与调整结果的对比效果。需要注意的是，【变化】命令不能应用于索引颜色模式的图像。

选择【图像】|【调整】|【变化】命令，可以打开【变化】命令对话框，如图 7-56 所示，在其中设置所需的相关参数选项。

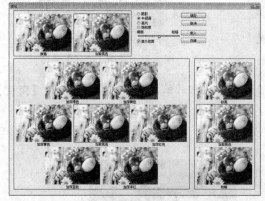

图 7-56 【变化】对话框

提示

如果要显示图像中将由调整功能剪切(转换为纯白或纯黑)的区域的预览效果，可选中【显示修剪】选项。

- ⊙ 【原稿】、【当前挑选】：对话框顶部的【原稿】缩览图中显示原始图像，【当前挑选】缩览图中显示了图像的调整结果。第一次打开该对话框时，这两个图像相同，但【当前挑选】图像将随着调整的进行而实时显示当前的处理结果。如果单击【原稿】缩览图，则可将图像恢复为调整前的状态。
- ⊙ 缩览图：在对话框左侧的 7 个缩览图中，位于中间的【当前挑选】缩览图同样用来显示调整结果，另外 6 个缩览图用来调整颜色，单击其中任何一个缩览图都可将相应的颜色添加到图像中，连续单击则可以累积添加颜色。

- 【阴影】、【中间色调】、【高光】：选择相应的选项，可以调整图像的阴影、中间色调和高光。
- 【饱和度】：用来调整图像的饱和度。选中该选项，对话框左侧会出现 3 个缩览图，中间的【当前挑选】缩览图显示了调整结果，单击【减少饱和度】和【增加饱和度】缩览图可减少或增加饱和度。在增加饱和度时，则颜色会被剪切。
- 【精细】、【粗糙】：用来控制每次的调整量，每移动一格滑块，可以使调整量双倍增加。

【例 7-16】使用【变化】命令调整图像。

(1) 选择【文件】|【打开】命令打开素材图像文件，按 Ctrl+J 键复制图像，如图 7-57 所示。

(2) 选择【图像】|【调整】|【变化】命令，打开【变化】对话框。在该对话框中，单击【加深洋红】预览图，再单击【加深黄色】预览图，如图 7-58 所示。

图 7-57 打开图像

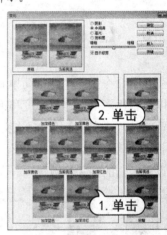

图 7-58 使用【变化】命令

(3) 在【变化】对话框中，单击【较暗】预览图两次，然后单击【确定】按钮应用【变化】命令调整，如图 7-59 所示。

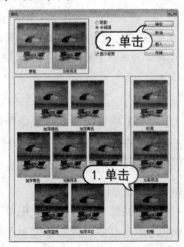

图 7-59 应用【变化】命令

7.4 上机练习

本章的上机练习通过调整数码照片的色彩效果，使用户更好地掌握本章所学的色彩调整命令的基本操作方法和技巧。

(1) 选择【文件】|【打开】命令，打开素材照片，如图 7-60 所示。

(2) 在【调整】面板中，单击【创建新的曲线调整图层】图标。在展开的【属性】面板中，选中【红】通道，并调整红通道曲线形状，如图 7-61 所示。

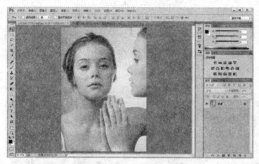
图 7-60　打开图像文件

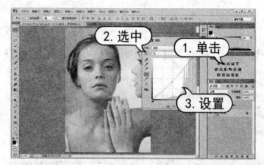
图 7-61　调整红通道曲线

(3) 在【调整】面板中，单击【创建新的可选颜色调整图层】图标。在展开的【属性】面板中的【颜色】下拉列表中选择【红色】选项，设置【青色】为 55%，【洋红】为-3%，【黄色】为-47%，【黑色】为 10%，如图 7-62 所示。

(4) 在【属性】面板中的【颜色】下拉列表中选择【白色】选项，设置【青色】为 83%，【黑色】为-31%，如图 7-63 所示。

图 7-62　应用【可选颜色】命令

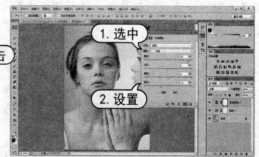
图 7-63　调整【白色】选项

(5) 在【调整】面板中，单击【创建新的照片滤镜调整图层】图标。在展开的【属性】面板中的【滤镜】下拉列表中选择【蓝】选项，设置【浓度】为 33%，如图 7-64 所示。

(6) 按 Shift+Ctrl+E 键合并图层，选择【图像】|【模式】|【Lab 颜色】命令，在【通道】面板中，选中【明度】通道，按 Ctrl+A 键全选明度通道中图像，按 Ctrl+C 键复制，如图 7-65 所示。

(7) 选中 Lab 复合通道，选择【图像】|【模式】|【RGB 颜色】命令，选中【图层】面板，按 Ctrl+V 键粘贴明度通道，并设置图层的【不透明度】为 50%，如图 7-66 所示。

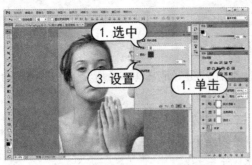

图 7-64　应用【照片滤镜】命令

图 7-65　设置【明度】通道

(8) 在【图层】面板中，单击【添加图层蒙版】按钮。选择【画笔】工具，在选项栏中设置柔边画笔样式，【不透明度】为 40%。然后使用【画笔】工具，在图像中擦出人物妆容色彩，如图 7-67 所示。

图 7-66　设置图层

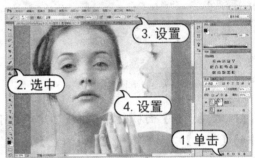

图 7-67　调整图层蒙版

(9) 按 Alt+Shift+Ctrl+E 键合并图层，选择【滤镜】|【锐化】|【USM 锐化】命令，打开【USM 锐化】对话框。在该对话框中，设置【数值】为 150%，【半径】为 2 像素，然后单击【确定】按钮，如图 7-68 所示。

(10) 在【调整】面板中，单击【创建新的色彩平衡调整图层】图标。在展开的【属性】面板中的【色调】下拉列表中选择【阴影】选项，设置阴影色阶为 0、0、24，如图 7-69 所示。

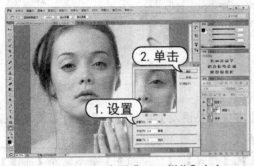

图 7-68　应用【USM 锐化】命令

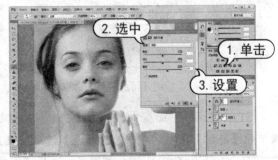

图 7-69　应用【色彩平衡】命令

(11) 在【属性】面板中的【色调】下拉列表中选择【高光】选项，设置高光色阶为 0、0、-9，如图 7-70 所示。

(12) 在【调整】面板中，单击【创建新的色彩平衡调整图层】图标。在展开的【属性】面板中，设置中间调色阶为8、0、-8。在【属性】面板中的【色调】下拉列表中选择【阴影】选项，设置阴影色阶为0、0、8，如图7-71所示。

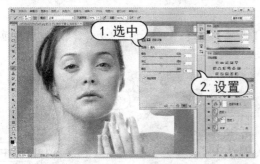

图 7-70　调整高光

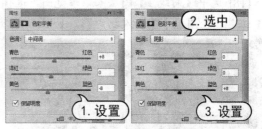

图 7-71　应用【色彩平衡】命令

(13) 在【属性】面板中的【色调】下拉列表中选择【高光】选项，设置高光色阶为-9、5、0，如图7-72所示。

(14) 在【图层】面板中，单击【创建新的填充或调整图层】按钮，在弹出的菜单中选择【纯色】命令。在弹出的【拾色器】对话框中，设置颜色为RGB=251、151、255，然后单击【确定】按钮填充。设置图层混合模式为【叠加】，【不透明度】为6%，如图7-73所示。

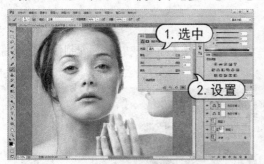

图 7-72　设置高光

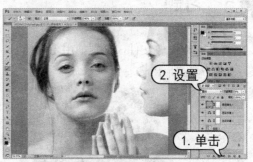

图 7-73　创建填充图层

(15) 【调整】面板中，单击【创建新的照片滤镜调整图层】图标。在展开的【属性】面板中单击颜色色板，在打开的【拾色器】对话框中设置颜色为RGB=193、134、64，然后设置【浓度】为14%，如图7-74所示。

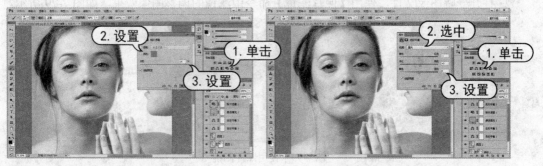

图 7-74　应用【照片滤镜】命令　　　　　　　图 7-75　应用【色彩平衡】命令

计算机基础与实训教材系列

(16) 在【调整】面板中，单击【创建新的色彩平衡调整图层】图标。在展开的【属性】面板中的【色调】下拉列表中选择【高光】选项，设置高光色阶为-1、3、0，如图 7-75 所示。

(17) 在【调整】面板中，单击【创建新的曲线调整图层】图标。在展开的【属性】面板中，调整 RGB 通道曲线形状，如图 7-76 所示。

(18) 选中【曲线 1】图层蒙版缩览图，选择【画笔】工具，调整画笔大小，然后使用【画笔】工具，在图像中擦出人物阴影，如图 7-77 所示。

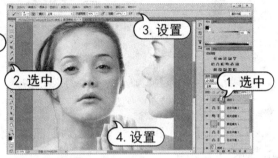

图 7-76　应用【曲线】命令　　　　　　　图 7-77　调整图层蒙版

计算机 基础与实训教材系列

7.5　习题

1. 打开一幅图像文件，分别使用【去色】、【黑白】以及【渐变映射】命令制作黑白图像效果，如图 7-78 所示。

图 7-78　制作黑白图像

2. 打开一幅图像文件，使用【照片滤镜】命令中滤镜的调整图像效果，如图 7-79 所示。

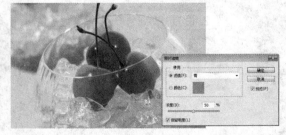

图 7-79　使用照片滤镜

第 8 章

绘画工具的应用

学习目标

在 Photoshop 中可以轻松地在图像中表现各种画笔效果和绘制各种图像。其中，画笔工具主要通过各种选项的设置来创建出具有丰富变化和随机性的绘画效果。熟练掌握这一系列绘制工具的使用方法是进行图像处理的关键。本章主要介绍 Photoshop CC 中绘图工具的设置和使用。

本章重点

- 绘画工具
- 【画笔】面板
- 自定义画笔
- 橡皮擦工具

8.1 绘图工具

绘画工具可以更改图像像素的颜色。通过使用绘画和绘画修饰工具，并结合各种功能就可以修饰图像、创建或编辑 Alpha 通道上的蒙版。结合【画笔】面板的设置，还可以自由地创作出精美的绘画效果，或模拟使用传统介质进行绘画。

8.1.1 【画笔】工具

【画笔】工具可以用于绘制各种线条效果，也可以用来修改通道和蒙版效果，是 Photoshop 中最为常用的绘画工具。选择【画笔】工具后，在如图 8-1 所示的选项栏中可以设置画笔的各项参数选项，以调节画笔的绘制效果。其中主要的几项参数如下。

图 8-1　【画笔】工具选项栏

- 【画笔】选项：用于设置画笔的大小、样式及硬度等参数选项。
- 【模式】选项：该选项下拉列表用于设定多种混合模式，利用这些模式可以在绘画过程中使绘制的笔画与图像产生特殊的混合效果。
- 【不透明度】选项：用于设置绘制画笔效果的不透明度，数值为100%时表示画笔效果完全不透明，而数值为1%时则表示画笔效果接近完全透明。
- 【流量】选项：可以设置【画笔】工具应用油彩的速度，该数值较低会形成较轻的描边效果。

【例8-1】使用【画笔】工具调整图像效果。

(1) 在 Photoshop 中，选择【文件】|【打开】命令，选择打开需要处理的照片，如图 8-2 所示。

(2) 在【图层】面板中，单击【创建新图层】按钮，新建【图层2】图层。在【颜色】面板中，设置颜色为RGB=125、0、0。选择【画笔】工具在人物头发处涂抹，如图8-3所示。

图 8-2　打开图像文件　　　　　　　图 8-3　创建新图层

(3) 在【图层】面板中，设置【图层2】图层混合模式为【叠加】，【不透明度】为50%，如图 8-4 所示。

(4) 在【图层】面板中，单击【添加图层蒙版】按钮，在选项栏中设置【不透明度】为30%，然后使用【画笔】工具在【图层2】图层蒙版中涂抹，进一步修饰头发，如图8-5所示。

图 8-4　设置图层　　　　　　　　　图 8-5　添加图层蒙版

8.1.2 【铅笔】工具

【铅笔】工具通常用于绘制一些棱角比较突出、无边缘发散效果的线条。选择【铅笔】工具后，其如图 8-6 所示的工具选项栏中大部分参数选项的设置与【画笔】工具基本相同。

图 8-6 【铅笔】工具选项栏

其中选中【自动抹除】复选框后，在使用【铅笔】工具绘制时，如果光标的中心在前景色上，则该区域将抹成背景色；如果在开始拖动时光标的中心在不包含前景色的区域上，则该区域将被绘制成前景色，如图 8-7 所示。

图 8-7 自动抹除

8.1.3 【颜色替换】工具

【颜色替换】工具可以将选定的颜色替换为其他颜色，但【颜色替换】工具不适用于【位图】、【索引】或【多通道】颜色模式的图像。选择【颜色替换】工具可以在其如图 8-8 所示的工具选项栏中进行设置。

图 8-8 【颜色替换】工具

- 【模式】：用于设置替换的内容，包括【色相】、【饱和度】、【颜色】和【明度】。默认为【颜色】选项，表示可以同时替换色相、饱和度和明度。
- 【取样：连续】按钮：可以在拖动鼠标时连续对颜色取样。
- 【取样：一次】按钮：可以只替换包含第一次单击的颜色区域中的目标颜色。
- 【取样：背景色板】按钮：可以只替换包含当前背景色的区域。
- 【限制】下拉列表：在此下拉列表中，【不连续】选项用于替换出现在光标指针下任何位置的颜色样本；【连续】选项用于替换与紧接在光标指针下的颜色邻近的颜色；

【查找边缘】选项用于替换包含样本颜色的连续区域，同时更好地保留性状边缘的锐化程度。

◉ 【容差】选项：用于设置在图像文件中颜色的替换范围。

◉ 【消除锯齿】复选框：可以去除替换颜色后的锯齿状边缘。

【例 8-2】使用【颜色替换】工具调整图像效果。

(1) 在 Photoshop 中，选择【文件】|【打开】命令，打开图像文件。按 Ctrl+J 键复制【背景】图层，如图 8-9 所示。

(2) 选择【魔棒】工具，在工具选项栏中单击【添加到选区】按钮，并设置【容差】数值为 30，然后在图像中背景区域单击创建选区，如图 8-10 所示。

图 8-9　打开图像文件　　　　　　　　　图 8-10　创建选区

(3) 选择【颜色替换】工具，在选项栏中设置【画笔】为 200 像素，在【模式】下拉列表中选择【颜色】选项，如图 8-11 所示。

图 8-11　设置【颜色替换】工具

(4) 在【色板】面板中单击【蜡笔黄绿】色板，并使用【颜色替换】工具在选区中拖动鼠标替换选区内图像的颜色，然后按 Ctrl+D 键取消选区，如图 8-12 所示。

图 8-12　替换颜色

8.1.4 【混合器画笔】工具

【混合器画笔】工具与 Painter 的真实笔刷效果相似。它以画笔和染料的物理特性为基础，能够实现较为强烈的真实感，其中包括墨水流浪、笔刷形状及混合效果等设置，如图 8-13 所示。

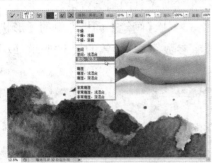 

图 8-13 使用【混合器画笔】工具

选择【混合器画笔】工具后，在如图 8-14 所示的选项栏中，可以设置画笔样式、颜色以及混合画笔组合等选项，然后使用【混合器画笔】工具在图像中涂抹即可。

图 8-14 【混合器画笔】工具

计算机 基础与实训教材系列

- 当前画笔载入色板：从弹出式面板中，单击【载入画笔】使用储槽颜色填充画笔，或单击【清理画笔】移去画笔中的油彩。要在每次描边后执行这些任务，可以选择【每次描边后载入画笔】或【每次描边后清除画笔】选项。
- 【预设】弹出式菜单：应用流行的【潮湿】、【载入】和【混合】设置组合。
- 【潮湿】：控制画笔从画布拾取的油彩量。较高的设置会产生较长的绘画条痕。
- 【载入】：指定储槽中载入的油彩量。载入速率较低时，绘画描边干燥的速度会更快。
- 【混合】：控制画布油彩量同储槽油彩量的比例。比例为 100%时，所有油彩将会从画布中拾取；比例为 0%时，所有油彩都来自储槽。
- 【对所有图层取样】：拾取所有可见图层中的画布颜色。

8.2 【画笔】面板

对于绘画编辑工具而言，选择和使用画笔是非常重要的一部分。所选择的画笔很大程度上决定了绘制的效果。在 Photoshop 中，用户不仅可以选择预置的各种画笔，而且可以根据个人的需要创建不同的画笔。

选择【窗口】|【画笔】命令，或单击【画笔】工具选项栏中的【切换画笔面板】按钮，或按快捷键 F5 可以打开【画笔】面板，如图 8-15 所示。在【画笔】面板的左侧选项列表中，单击选项名称即可选中要进行设置的选项，并在右侧的区域中显示该选项的所有参数设置。在

【画笔】面板底部的预览区域可以随时查看画笔样式调整效果。

在【画笔】面板的左侧设置区中单击【画笔笔尖形状】选项，然后在其右侧显示的选项中可以设置画笔样式的直径、角度、圆度、硬度以及间距等基本参数选项。在 Photoshop 的【画笔】面板中新增加了绘画效果的画笔笔尖形状，如图 8-16 所示。其设置选项与原有的画笔笔尖设置选项有所不同，用户可以通过控制选项更好地模拟绘画工具的画笔效果。

【形状动态】选项决定了描边中画笔笔迹的变化，单击【画笔】面板左侧的【形状动态】选项，选中此选项，面板右侧会显示该选项对应的设置参数，例如画笔的大小抖动、最小直径、角度抖动和圆度抖动，如图 8-17 所示。

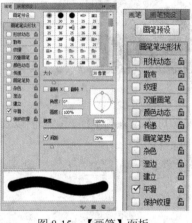

图 8-15　【画笔】面板　　　　图 8-16　【画笔笔尖形状】选项　　　　图 8-17　【形状动态】选项

【散布】选项用于指定描边中笔迹的数量和位置。单击【画笔】调板左侧的【散布】选项，可以选中此选项，面板右侧会显示该选项相对应的设置参数，如图 8-18 所示。

【纹理】选项可以利用图案使画笔效果看起来好像是在带有纹理的画布上绘制的。单击【画笔】调板中左侧的【纹理】选项，可以选中此选项，面板右侧会显示该选项对应的设置参数，如 8-19 所示。

图 8-18　【散布】选项　　　　　图 8-19　【纹理】选项　　　　　图 8-20　【双重画笔】选项

【双重画笔】选项是通过组合两个笔尖来创建画笔笔迹，它可在主画笔的画笔描边内应用第二个画笔纹理，并且仅绘制两个画笔描边的交叉区域。如果要使用双重画笔，应首先在【画笔】面板的【画笔笔尖形状】选项中设置主要笔尖的选项，然后从【画笔】面板的【双重画笔】选项部分种选择另一个画笔笔尖，如图 8-20 所示。

【颜色动态】选项决定了描边路径中油彩颜色的变化方式。单击【画笔】面板左侧的【颜色动态】选项，可以选中此选项，面板右侧会显示该选项对应的设置参数。

【传递】选项用来确定油彩在描边路线中的改变方式。单击【画笔】面板左侧的【颜色动态】选项，可以选中此选项，面板右侧会显示该选项对应的设置参数。

【画笔】面板左侧还有 5 个单独的选项，包括【杂色】、【湿边】、【喷枪】、【平滑】和【保护纹理】。这 5 个选项没有控制参数，需要使用时，只需将其选择即可。

- 【杂色】：可以为个别画笔笔尖增加额外的随机性。当应用于柔化笔尖时，此选项最有效。
- 【湿边】：可以沿画笔描边的边缘增大油彩量，从而创建水彩效果。
- 【喷枪】：可以将渐变色调应用于图像，同时模拟传统的喷枪技术。
- 【平滑】：可以在画笔描边中生成更平滑的曲线。当使用光笔进行快速绘画时，此选项最有效。但是在描边渲染中可能会导致轻微的滞后。
- 【保护纹理】：可以将相同图案和缩放比例应用于具有纹理的所有画笔预设。选择此选项后，在使用多个纹理画笔笔尖绘画时，可以模拟出一致的画布纹理。

【例 8-3】使用【画笔】工具为图像添加边框。

(1) 在 Photoshop，选择【文件】|【打开】命令，打开图像文件。按 Ctrl+J 键复制【背景】图层，如图 8-21 所示。

(2) 在【颜色】面板中，设置前景色为 RGB=230、185、204，然后选择【画笔】工具，按 F5 键打开【画笔】面板，单击【尖角 30】画笔样式，设置【大小】为 60 像素，【间距】为 125%，如图 8-22 所示。

图 8-21 打开图像

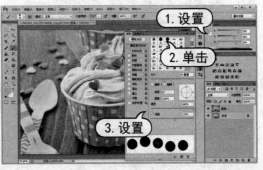

图 8-22 设置【画笔】工具

(3) 在【图层】面板中，单击【创建新图层】按钮，新建【图层 2】图层。使用【画笔】工具并按住 Shift 键拖动绘制直线，如图 8-23 所示。

(4) 继续设置前景色为 RGB=211、104、180，在【画笔】面板中设置其【大小】为 40 像素，【间距】为 150%。使用【画笔】工具在图像中绘制，并设置【图层 2】混合模式为【线性加深】，如图 8-24 所示。

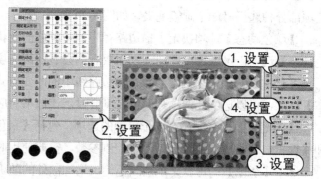

图 8-23 绘制直线

图 8-24 绘制直线

8.3 自定义画笔

在 Photoshop 中，预设的画笔样式如果不能满足用户的要求，则可以根据预设画笔样式为基础创建新的预设画笔样式。用户还可以使用【编辑】|【定义画笔预设】命令将选择的任意形状选区内的图像定义为画笔样式。

【例 8-4】在 Photoshop 中，创建自定义画笔预设。

(1) 打开一幅图像文件，选择工具箱中的【魔棒】工具，在工具选项栏中设置【容差】数值为 30，然后在图像中背景区域单击选取，然后选择【选择】|【反向】命令，如图 8-25 所示。

(2) 选择菜单栏中的【编辑】|【定义画笔预设】命令。在打开的【画笔名称】对话框的【名称】文本框中输入"蝴蝶"，然后单击【确定】按钮应用并关闭对话框，如图 8-26 所示。

图 8-25 创建选区

图 8-26 定义画笔预设

(3) 选择【文件】|【打开】命令，打开另一幅图像文件，并在【图层】面板中单击【创建新图层】按钮，新建【图层 1】，如图 8-27 所示。

(4) 选择【画笔】工具，按 F5 键打开【画笔】面板。选中刚创建的"蝴蝶"画笔样式，设置【大小】为 85 像素，【间距】为 300%，单击【形状动态】选项，设置【大小抖动】为 65%，【角度抖动】为 35%，如图 8-28 所示。

(5) 使用【画笔】工具在画布中拖动绘制，然后选择【图像】|【调整】|【反相】命令，并在【图层】面板中设置【图层1】图层的【不透明度】为80%，如图8-29所示。

图8-27 打开图像

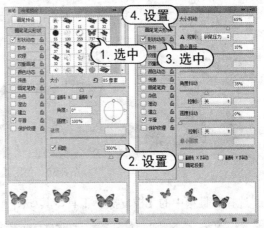

图8-28 设置画笔

图8-29 使用画笔

计算机 基础与实训教材系列

💡 **提示**

需要注意的是，此类画笔样式只会保存相关图像画面信息，而不会保存其颜色信息。因此，使用这类画笔样式进行描绘时，会以当前前景色的颜色为画笔颜色。

⑧.4 橡皮擦工具

Photoshop为用户提供了【橡皮擦】、【背景橡皮擦】和【魔术橡皮擦】3种擦除工具。使用这些工具，用户可以根据特定的需要，进行图像画面的擦除处理。

⑧.4.1 【橡皮擦】工具

使用【橡皮擦】工具 在图像中涂抹可擦除图像。如果在【背景】图层或锁定了透明区域的图层中使用该工具,被擦除的部分会显示为背景色;在其他图层上使用时,被擦除的区域会成为透明区域,如图 8-30 所示。

图 8-30　使用【橡皮擦】工具

选择工具箱中的【橡皮擦】工具,其如图 8-31 所示的选项栏中各选项参数作用如下。

图 8-31　【橡皮擦】工具选项栏

- ◉ 【画笔】:可以设置橡皮擦工具使用的画笔样式和大小。
- ◉ 【模式】:可以设置不同的擦除模式。其中,选择【画笔】和【铅笔】选项时,其使用方法与【画笔】和【铅笔】工具相似,选择【块】选项时,在图像窗口中进行擦除的大小固定不变。
- ◉ 【不透明度】:可以设置擦除时的不透明度。设置为 100%时,被擦除的区域将变成透明色;设置为 1%时,不透明度将无效,将不能擦除任何图像画面。
- ◉ 【流量】:可以用来控制工具的涂抹速度。
- ◉ 【抹到历史记录】复选框:选中该复选框后,可以将指定的图像区域恢复至快照或某一操作步骤下的状态。

⑧.4.2　【背景橡皮擦】工具

【背景橡皮擦】工具是一种智能橡皮擦,它具有自动识别对象边缘的功能,可采集画笔中心的色样,并删除在画笔内出现的颜色,使擦除区域成为透明区域,如图 8-32 所示。

图 8-32　使用【背景橡皮擦】工具

选择工具箱中的【背景橡皮擦】工具，其如图 8-33 所示的选项栏中各个选项参数作用如下。

图 8-33 【背景橡皮擦】工具

- ◉ 【画笔】：单击其右侧的·图标，弹出下拉面板。其中，【大小】用于设置擦除时画笔的大小；【硬度】用于设置擦除时边缘硬化的程度。
- ◉ 【取样】按钮：用于设置颜色取样的模式。 ⬚ 按钮表示只对单击鼠标时，光标下的图像颜色取样； ⬚ 按钮表示擦除图层中彼此相连但颜色不同的部分； ⬚ 按钮表示将背景色作为取样颜色。
- ◉ 【限制】：单击其右侧的按钮，在弹出的下拉菜单，可以选择使用【背景色橡皮擦】工具擦除的颜色范围。其中，【连续】选项表示可擦除图像中具有取样颜色的像素，但要求该部分与光标相连；【不连续】选项表示可擦除图像中具有取样颜色的像素；【查找边缘】选项表示在擦除与光标相连区域的同时保留图像中物体锐利的边缘。
- ◉ 【容差】：用于设置被擦除的图像颜色与取样颜色之间差异的大小。
- ◉ 【保护前景色】复选框：选中该复选框可以防止具有前景色的图像区域被擦除。

⑧.4.3 【魔术橡皮擦】工具

【魔术橡皮擦】工具 具有自动分析图像边缘的功能，用于擦除图层中具有相似颜色范围的区域，并以透明色代替被擦除区域。

图 8-34 使用【魔术橡皮擦】工具

选择工具箱中的【魔术橡皮擦】工具，其如图 8-35 所示的选项栏与【魔棒】工具选项栏相似，各选项参数作用如下。

图 8-35 【魔术橡皮擦】工具选项栏

- ◉ 【容差】：可以设置被擦除图像颜色的范围。输入的数值越大，可擦除的颜色范围越大；输入的数值越小，被擦除的图像颜色与光标单击处的颜色越接近。
- ◉ 【消除锯齿】复选框：选中该复选框，可以使被擦除区域的边缘变得柔和平滑。

- 【连续】复选框：选中该复选框，可以使擦除工具仅擦除与鼠标单击处相连接的区域。
- 【对所有图层取样】复选框：选中该复选框，可以使擦除工具的应用范围扩展到图像中所有可见图层。
- 【不透明度】：可以设置擦除图像颜色的程度。当【不透明度】设置为100%时，被擦除的区域将变成透明色；设置为1%时，不透明度将无效，不能擦除任何图像画面。

⑧.5 上机练习

本章的上机练习通过制作飘舞的泡泡画笔效果，使用户更好地掌握本章所学定义画笔和运用画笔的基本操作方法和技巧。

(1) 选择【文件】|【新建】命令，打开【新建】对话框。设置【宽度】为640像素、【高度】为480像素、【颜色模式】为RGB模式、【分辨率】为300像素/英寸，然后单击【确定】按钮新建文档，如图8-36所示。

(2) 按 Alt+Delete 键使用前景色填充新建文档，在【图层】面板中，单击【创建新图层】按钮新建【图层1】。选择工具箱中的【椭圆选框】工具，在画布中绘制一个正圆形，并按Ctrl+Delete键填充背景色，如图8-37所示。

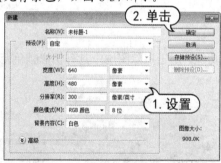

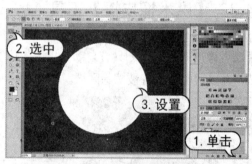

图 8-36　新建文档　　　　　　　　　　　图 8-37　绘制图形

(3) 选择【选择】|【修改】|【羽化】命令，打开【羽化选区】对话框。在该对话框中，设置【羽化半径】为10像素，并单击【确定】按钮，然后按Delete键将白色区域删除，如图8-38所示。

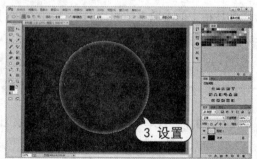

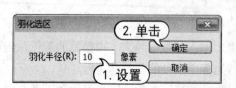

图 8-38　修改选区

(4) 按 Ctrl+D 键取消选区，按 X 键切换前景色与背景色，然后选择【画笔】工具，在选项栏中设置画笔为 45 像素大小柔边样式，【不透明度】为 40%，再在泡泡上添加高光，如图 8-39 所示。

(5) 按 Ctrl+E 键合并图层，然后选择【图像】|【调整】|【反相】命令，如图 8-40 所示。

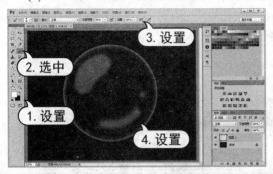

图 8-39 调整图像   图 8-40 调整图像

(6) 选择【编辑】|【定义画笔预设】命令，打开【画笔名称】对话框。在该对话框的【名称】文本框中输入"泡泡"，然后单击【确定】按钮，如图 8-41 所示。

图 8-41 定义画笔预设

(7) 按 F5 键打开【画笔】面板，在【画笔笔尖形状】选项区中选中刚创建的"泡泡"画笔预设，设置【大小】为 70 像素，【间距】为 140%，如图 8-42 所示。

(8) 选中【形状动态】选项，在显示的选项区中设置【大小抖动】为 90%，【最小直径】为 15%，【角度抖动】为 30%，如图 8-43 所示。

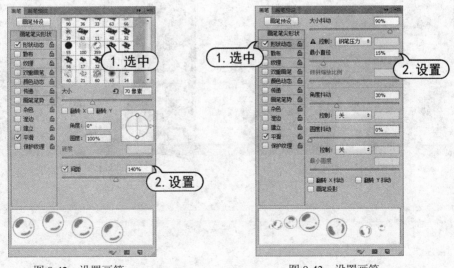

图 8-42 设置画笔   图 8-43 设置画笔

(9) 选中【散布】选项，在显示的选项区中选中【两轴】复选框，设置【散布】为 800%，【数量抖动】为 35%，如图 8-44 所示。

(10) 选择【文件】|【打开】命令，打开一幅素材图像。单击【图层】面板中的【创建新图层】按钮新建【图层 1】，然后使用【画笔】工具在画布中拖动绘制泡泡，如图 8-45 所示。

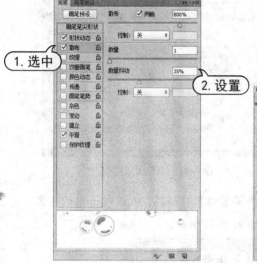

图 8-44　设置画笔

图 8-45　使用画笔

8.6　习题

1. 使用【画笔】工具为图像中的人物添加妆容效果，如图 8-46 所示。

2. 设置画笔样式为图像文件添加边框效果，如图 8-47 所示。

图 8-46　图像效果

图 8-47　图像效果

图层的高级应用

学习目标

创建图像特效是 Photoshop 一个强大的功能之一，也是进行图像处理的重要方面。本章主要介绍了应用图层样式的特效，让用户由浅入深、循序渐进地掌握不同图层样式的知识，从而灵活应用该功能制作出风格迥异的图像效果。

本章重点

- ⊙ 图层的混合设置
- ⊙ 图层样式的运用
- ⊙ 使用【样式】面板
- ⊙ 智能对象图层

9.1 图层的混合设置

混合模式是 Photoshop 中的一项重要功能，图层混合模式指当图像叠加时，上方图层和下方图层的像素进行混合，从而得到另外一种图像效果，且不会对图像造成任何破坏，再结合对图层不透明度的设置，可以控制图层混合后显示的深浅程度，常用于合成和特效制作中。

9.1.1 混合模式应用

在【图层】面板的【设置图层的混合模式】下拉列表中，可以选择【正常】、【溶解】和【滤色】等混合模式。使用这些混合模式，可以混合所选图层中的图像与下方所有图层中的图像效果。

- ⊙ 【正常】模式：Photoshop 默认模式，使用时不产生任何特殊效果。

- 【溶解】模式：选择此选项后，图像画面产生溶解、粒状效果。其右侧的【不透明度】值越小，溶解效果越明显，如图 9-1 所示。

- 【变暗】模式：选择此选项，在绘制图像时，软件将取两种颜色的暗色作为最终色，亮于底色的颜色将被替换，暗于底色的颜色保持不变，如图 9-2 所示。

- 【正片叠底】模式：选择此选项，可以产生比底色与绘制色都暗的颜色，可以用来制作阴影效果，如图 9-3 所示。

图 9-1　【溶解】模式　　　　图 9-2　【变暗】模式　　　　图 9-3　【正片叠底】模式

- 【颜色加深】模式：选择此选项，可以使图像色彩加深，亮度降低，如图 9-4 所示。

- 【线性加深】模式：选择此选项，系统会通过降低图像画面亮度使底色变暗从而反映绘制的颜色。当与白色混合时，将不发生变化，如图 9-5 所示。

- 【深色】模式：选择此选项，系统将从底色和混合色中选择最小的通道值来创建结果颜色，如图 9-6 所示。

图 9-4　【颜色加深】模式　　　图 9-5　【线性加深】模式　　　图 9-6　【深色】模式

- 【变亮】模式：这种模式只有在当前颜色比底色深的情况下才起作用，底图的浅色将覆盖绘制的深色，如图 9-7 所示。

- 【滤色】模式：此选项与【正片叠底】选项的功能相反，通常这种模式的颜色都较浅。任何颜色的底色与绘制的黑色混合，原颜色都不受影响；与绘制的白色混合将得到白色；与绘制的其他颜色混合将得到漂白效果，如图 9-8 所示。

图 9-7　【变亮】模式　　　　图 9-8　【滤色】模式　　　　图 9-9　【颜色减淡】模式

- 【颜色减淡】模式：选择此选项，将通过降低对比度，使底色的颜色变亮来反映绘制的颜色，与黑色混合没有变化，如图9-9所示。

- 【线性减淡(添加)】模式：选择此选项，将通过增加亮度使底色的颜色变亮来反映绘制的颜色，与黑色混合没有变化，如图9-10所示。

- 【浅色】模式：选择此选项，系统将从底色和混合色中选择最大的通道值来创建结果颜色，如图9-11所示。

- 【叠加】模式：选择此选项，使图案或颜色在现有像素上叠加，同时保留基色的明暗对比，如图9-12所示。

图9-10 【线性减淡(添加)】模式　图9-11 【浅色】模式　　图9-12 【叠加】模式

- 【柔光】模式：选择此选项，系统将根据绘制色的明暗程度来决定最终是变亮还是变暗。当绘制的颜色比50%的灰暗时，图像通过增加对比度变暗，如图9-13所示。

- 【强光】模式：选择此选项，系统将根据混合颜色决定执行正片叠底还是过滤。但绘制的颜色比50%灰亮时，底色图像变亮；当比50%的灰色暗时，底色图像变暗，如图9-14所示。

- 【亮光】模式：选择此选项，系统将根据绘制色通过增加或降低对比度来加深或者减淡颜色。当绘制的颜色比50%的灰色暗时，图像通过增加对比度变暗，如图9-15所示。

图9-13 【柔光】模式　　　图9-14 【强光】模式　　　图9-15 【亮光】模式

- 【线性光】模式：选择此选项，系统同样根据绘制色通过增加或降低亮度来加深或减淡颜色。当绘制的颜色比50%的灰色亮时，图像通过增加亮度变亮，当比50%的灰色暗时，图像通过降低亮度变暗，如图9-16所示。

- 【点光】：选择此选项，系统将根据绘制色来替换颜色。当绘制的颜色比50%的灰色亮时，则绘制色被替换，但比绘制色亮的像素不会被替换；当绘制的颜色比50%的灰色暗时，比绘制色亮的像素则被替换，但比绘制的色暗的像素不会被替换，如图9-17所示。

- 【实色混合】模式：选择此选项，将混合颜色的红色、绿色和蓝色通道数值添加到底色的 RGB 值。如果通道计算的结果总和大于或等于 255，则值为 255；如果小于 255，则值为 0，如图 9-18 所示。

图 9-16　【线性光】模式　　　图 9-17　【点光】模式　　　图 9-18　【实色混合】模式

- 【差值】模式：选择此选项，系统将用图像画面中较亮的像素值减去较暗的像素值，其差值作为最终的像素值。当与白色混合时将使底色相反，而与黑色混合则不产生任何变化，如图 9-19 所示。
- 【排除】模式：选择此选项，可生成与【正常】选项相似的效果，但比差值模式生成的颜色对比度要小，因而颜色较柔和，如图 9-20 所示。
- 【减去】模式：选择此选项，系统从目标通道中相应的像素上减去源通道中的像素值，如图 9-21 所示。

图 9-19　【差值】模式　　　图 9-20　【排除】模式　　　图 9-21　【减去】模式

- 【划分】模式：选择此选项，系统将比较每个通道中的颜色信息，然后从底层图像中划分上层图像，如图 9-22 所示。
- 【色相】模式：选择此选项，系统将采用底色的亮度与饱和度，以及绘制色的色相来创建最终颜色，如图 9-23 所示。
- 【饱和度】模式：选择此选项，系统将采用底色的亮度和色相，以及绘制色的饱和度来创建最终颜色，如图 9-24 所示。

图 9-22　【划分】模式　　　图 9-23　【色相】模式　　　图 9-24　【饱和度】模式

- 【颜色】模式：选择此选项，系统将采用底色的亮度以及绘制色的色相、饱和度来创建最终颜色，如图 9-25 所示。
- 【明度】模式：选择此选项，系统将采用底色的色相、饱和度以及绘制色的明度来创建最终颜色。此选项的实现效果与【颜色】选项相反，如图 9-25 所示。

图 9-25　【颜色】模式　　　　图 9-26　【明亮】模式

知识点

图层混合模式只能在两个图层图像之间产生作用；【背景】图层上的图像不能设置图层混合模式。如果要为【背景】图层设置混合效果，必须先将其转换为普通图层后再进行。

⑨.1.2　不透明度应用

图层的不透明度用来确定选定图层遮蔽或显示其下方图层的程度。【图层】面板中的【不透明度】文本框设置控制着当前图层的不透明度，如图 9-27 所示。当不透明度为 1% 时，当前图层看起来几乎完全透明，而当不透明度为 100% 时，当前图层完全不透明。

在【图层】面板中选中图层后，还可以通过设置【填充】选项来调整该图层的显示状态。降低【填充】选项参数，该图层也会呈半透明状态，如图 9-28 所示。

图 9-27　设置【不透明度】　　　　　　图 9-28　设置【填充】

⑨.2　图层样式的运用

使用 Photoshop 中的图层样式可以快速更改图层内容的外观，制作出如投影、外发光、叠加和描边等图像效果。

⑨.2.1　应用图层样式

要添加图层样式，可以在选中图层后，选择【图层】|【图层样式】菜单下的子命令，或单

击【图层】面板底部的【添加图层样式】按钮，在弹出的菜单中选择一种样式，或双击需要添加样式的图层，打开【图层样式】对话框，在该对话框左侧选择要添加的效果。在对话框中设置样式参数后，单击【确定】按钮即可添加图层样式，图层名称右侧会显示图层样式标志。单击该标志右侧的按钮可折叠或展开样式列表。在打开的【图层样式】对话框中包含 10 种效果。

- 【斜面和浮雕】样式可以对图层添加高光与阴影的各种组合，使图层内容呈现立体的浮雕效果。利用【斜面和浮雕】设置选项可以为图层添加不同的浮雕效果，还可以添加图案纹理，让画面展现出不同的浮雕效果，如图 9-29 所示。

- 【描边】样式可在当前的图层上描画对象的轮廓，设置的轮廓可以是颜色、渐变色或图案，利用相应的设置选项可以控制描边的大小、位置、混合模式以及填充类型等。选择不同的填充类型，便会显示不同的选项进行设置，如图 9-30 所示。

- 【内阴影】样式可以在图层中的图像边缘内部增加投影效果，使图像产生立体和凹陷的视觉感，如图 9-31 所示。

图 9-29 【斜面和浮雕】样式　　　图 9-30 【描边】样式　　　图 9-31 【内阴影】样式

- 【内发光】样式可以沿图层内容的边缘向内创建发光效果，如图 9-32 所示。

- 【光泽】样式可以应用于创建光滑的内部阴影，为图像添加光泽效果。该图层样式没有特别的选项，但用户可以通过选择不同的【等高线】来改变光泽的样式，如图 9-33 所示。

- 【颜色叠加】样式可以在图层上叠加指定的颜色，通过设置颜色的混合模式和不透明度来控制叠加的颜色效果，以达到更改图层内容颜色的目的，如图 9-34 所示。

图 9-32 【内发光】样式　　　图 9-33 【光泽】样式　　　图 9-34 【颜色叠加】样式

- 【渐变叠加】样式可以在图层内容上叠加指定的渐变颜色，在【渐变叠加】设置选项中可以编辑任意的渐变颜色，然后通过设置渐变的混合模式、样式、角度、不透明度和缩放等参数控制叠加的渐变颜色效果，如图 9-35 所示。

● 【图案叠加】样式可以在图层内容上叠加选择的图案效果。利用【图层样式】面板中的【图案叠加】选项，可以选择 Photoshop 中预设的多种图案，然后缩放图案，设置图案的不透明度和混合模式，制作出特殊质感的效果，如图 9-36 所示。

图 9-35 【渐变叠加】样式

> **提示**
>
> 【颜色叠加】、【渐变叠加】和【图案叠加】样式类似于【纯色】、【渐变】和【图案】填充图层，只不过它是通过图层样式的形式进行内容叠加的。

● 【外发光】样式可以沿图层内容的边缘向外创建发光效果，如图 9-37 所示。

● 【投影】样式可以为图层内容边缘外侧添加投影效果，利用【图层样式】面板中相应的选项，可以控制投影的颜色、大小以及方向等，使图像效果更具立体感，如图 9-38 所示。

图 9-36 【图案叠加】样式   图 9-37 【外发光】样式   图 9-38 【投影】样式

⑨.2.2 拷贝、粘贴图层样式

当需要对多个图层应用相同样式效果时，复制和粘贴样式是最便捷方法。复制方法：在【图层】面板中，选择添加了图层样式的图层，选择【图层】|【图层样式】|【拷贝图层样式】命令复制图层样式；或直接在【图层】面板中，右击添加了图层样式的图层，在弹出的菜单中选择【拷贝图层样式】命令复制图层样式。

在【图层】面板中选择目标图层，然后选择【图层】|【图层样式】|【粘贴图层样式】命令，或直接在【图层】面板中，右击图层，在弹出的菜单中选择【粘贴图层样式】命令，可以将复制的图层样式粘贴到该图层中。

【例 9-1】在图像文件中，添加图层样式。

(1) 在 Photoshop 中，选择【文件】|【打开】命令打开图像文件，如图 9-39 所示。

(2) 在【图层】面板中，双击【圣诞快乐】图层，打开【图层样式】对话框。在该对话框中，选中【渐变叠加】样式，单击编辑渐变，打开【渐变编辑器】对话框。在该对话框中，设

计算机 基础与实训教材系列

置渐变色为 RGB=11、103、152 至 RGB=62、154、194 至 RGB=198、208、233 至 RGB=255、255、255，然后单击【确定】按钮，如图 9-40 所示。

图 9-39　打开图像文件

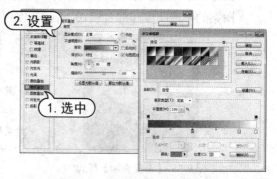

图 9-40　应用【渐变叠加】样式

　　(3) 在【图层样式】对话框中，选中【斜面和浮雕】样式，在【方法】下拉列表中选择【雕刻柔和】选项，设置【大小】为 10 像素，如图 9-41 所示。

　　(4) 选中【斜面和浮雕】样式下面的【等高线】选项，单击【等高线】下拉面板选中【高斯】样式，如图 9-42 所示。

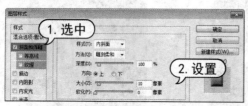

图 9-41　应用【斜面和浮雕】样式

图 9-42　设置等高线

　　(5) 选中【描边】样式，再选中【外发光】样式，设置外发光颜色为 RDB=129、131、187，【不透明度】为 100%，【大小】为 115 像素，【扩展】为 10%，然后单击【确定】按钮关闭【图层样式】对话框，应用图层样式，如图 9-43 所示。

　　(6) 在【图层】面板中，右击【圣诞快乐】图层，在弹出的菜单中选择【拷贝图层样式】命令，如图 9-44 所示。

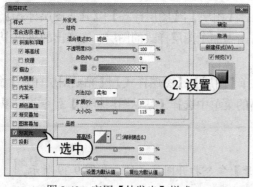

图 9-43　应用【外发光】样式

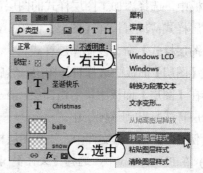

图 9-44　拷贝图层样式

(7) 在【图层】面板中，右击 Christmas 图层，在弹出的菜单中选择【粘贴图层样式】命令，如图 9-45 所示。

图 9-45　粘贴图层样式

提示

按住 Alt 键将效果图标从一个图层拖动到另一个图层，可以将该图层的所有效果都复制到目标图层；如果只需复制一个效果，可按住 Alt 键拖动该效果的名称至目标图层；如果没有按住 Alt 键，则可以将效果转移到目标图层。

⑨.2.3　缩放图层样式

应用缩放效果图层样式可以对目标分辨率和指定大小的效果进行调整。通过使用缩放效果，用户可以将图层样式中的效果进行缩放，而不会缩放应用图层样式的对象。选择【图层】|【图层样式】|【缩放效果】命令，即可打开【缩放图层效果】对话框，如图 9-46 所示。

⑨.2.4　使用全局光

在【图层样式】对话框中，【投影】、【内阴影】和【斜面和浮雕】效果都包含了一个【使用全局光】选项，选择该选项后，以上效果将使用相同角度的光源。如果要调整全局光的角度和高度，可选择【图层】|【图层样式】|【全局光】命令，打开【全局光】对话框进行设置，如图 9-47 所示。

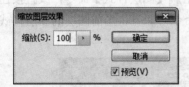

图 9-46　【缩放图层效果】对话框

图 9-47　【全局光】对话框

⑨.2.5　使用等高线

Photoshop 中的等高线用来控制效果在指定范围内的形状，以模拟不同的材质。在【图层样式】对话框中，【投影】、【内阴影】、【内发光】、【外发光】、【斜面和浮雕】和【光泽】效果都包含等高线设置选项。单击【等高线】选项右侧的按钮，可以在打开的下拉面板中

计算机 基础与实训教材系列

选择预设的等高线样式,如图 9-48 所示。

如果单击等高线缩览图,则可以打开【等高线编辑器】对话框,如图 9-49 所示。【等高线编辑器】与【曲线】对话框非常相似,用户可以通过添加、删除和移动控制点来修改等高线的形状,从而影响图层样式的外观。

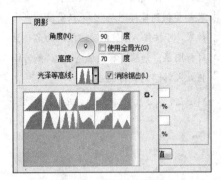

图 9-48　预设等高线样式

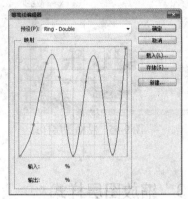

图 9-49　【等高线编辑器】对话框

⑨.2.6　清除图层样式

如果要删除一种图层样式,将其拖至【删除图层】按钮 🗑 上即可;如果要删除一个图层的所有样式,将图层效果名称拖至【删除图层】按钮 🗑 上即可。也可以选择样式所在的图层,然后选择【图层】|【图层样式】|【清除图层样式】命令。

⑨.2.7　栅格化图层样式

选中带有图层样式的图层,选择【图层】|【栅格化】|【图层样式】命令;或直接在图层上右击鼠标,在弹出的菜单中选择【栅格化图层样式】命令,即可将当前图层的图层样式栅格化到当前图层中,如图 9-50 所示。

图 9-50　栅格化图层样式

9.3 使用【样式】面板

在 Photoshop 中，除了可以自定义设置图层样式外，还可以通过【样式】面板对图像或文字快速应用预设图层样式效果，并且可以对预设样式进行编辑处理。

9.3.1 认识【样式】面板

选择【窗口】|【样式】命令，可以打开如图 9-51 所示的【样式】面板。在【样式】面板中，可以清除图层添加的样式，也可以新建和删除样式。

图 9-51 【样式】面板

提示

【样式】面板提供了预设样式，选择一个图层，然后单击【样式】面板中的一个样式，即可为所选图层添加样式。

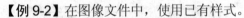

【**例 9-2**】在图像文件中，使用已有样式。

(1) 在 Photoshop 中，选择【文件】|【打开】命令，打开一幅图像文件。在【图层】面板中，按 Ctrl 键选中 toy plane 和 suitcase 图层，然后在【样式】面板中单击【基本投影】样式，如图 9-52 所示。

(2) 选中 suitcase 图层，在图层样式上右击鼠标，在弹出的菜单中选择【缩放效果】命令，打开【缩放图层效果】对话框。在该对话框中，设置【缩放】为 835%，然后单击【确定】按钮调整样式效果，如图 9-53 所示。

图 9-52 使用预设样式

图 9-53 缩放图层效果

9.3.2 创建、删除样式

在【图层】面板中选择一个带有图层样式的图层后，将光标置于【样式】面板的空白处，当光标变为油漆桶图标时单击，或直接单击【创建新样式】按钮 ，在弹出的如图 9-54 所示的【新建样式】对话框中为样式设置一个名称，单击【确定】按钮后，新建的样式会保存在【样式】面板的末尾。

要删除样式，只需将样式拖拽到【样式】面板底部的【删除样式】按钮上释放鼠标即可。在【样式】面板中按住 Alt 键，当光标变为剪刀形状时，单击需要删除的样式也可将其删除。

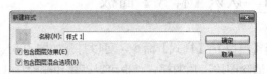

图 9-54　新建样式

【例 9-3】在图像文件中，创建新图层样式。

(1) 在 Photoshop 中，选择【文件】|【打开】命令，打开图像文件，如图 9-55 所示。

(2) 在【图层】面板中，双击 WINTER 图层打开【图层样式】对话框。在该对话框中，选中【颜色叠加】样式，单击【设置叠加颜色】色块，在打开的【拾色器】对话框中设置颜色为 CMYK=1、63、100、0，然后单击【确定】按钮关闭【拾色器】对话框，如图 9-56 所示。

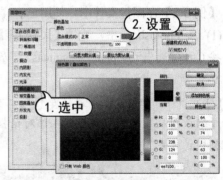

图 9-55　打开图像文件　　　　　　图 9-56　使用【颜色叠加】样式

(3) 选中【斜面和浮雕】样式，在【样式】下拉列表中选择【内斜面】选项，设置【深度】为 103%，设置【大小】为 8 像素；在【阴影】选项区中，设置【角度】为 90 度，【高度】为 70 度，单击【光泽等高线】下拉面板，选择【环形-双】样式，在【高光模式】下拉列表中选择【线性减淡(添加)】选项，【不透明度】为 100%，颜色为白色；在【阴影模式】下拉列表中选择【颜色减淡】选项，设置【不透明度】为 75%，颜色为白色，如图 9-57 所示。

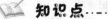知识点

　　如果要隐藏一个效果，可以单击该效果名称前的可见图标；如果要隐藏一个图层中的所有效果，可单击该图层【效果】前的可见图标；如果要隐藏文档中所有图层的效果，可选择【图层】|【图层样式】|【隐藏所有效果】命令。隐藏效果后，在原可见图标处单击，可以重新显示效果。

(4) 选中【内发光】样式，设置发光颜色为 CMYK=1、63、100、0，设置【不透明度】为 100%，【阻塞】为 3%，【大小】为 16 像素，如图 9-58 所示。

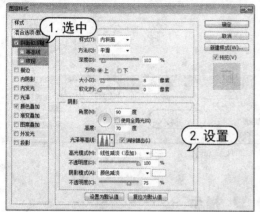

图 9-57　使用【斜面和浮雕】样式

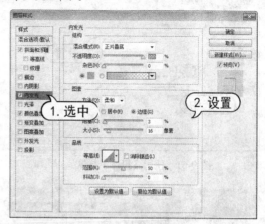

图 9-58　使用【内发光】样式

(5) 选中【光泽】样式，设置效果颜色为白色，在【混合模式】下拉列表中选择【叠加】选项，设置【不透明度】为 30%，【角度】为 82 度，【距离】为 11 像素，【大小】为 35 像素，在【等高线】下拉面板中选择【内凹-深】选项，如图 9-59 所示。

(6) 选中【描边】样式，在【填充类型】下拉列表中选择【渐变】选项，设置渐变色为 CMYK=36、97、92、58 至 CMYK=28、100、100、34，如图 9-60 所示。

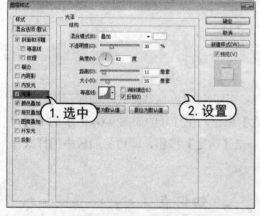

图 9-59　使用【光泽】样式

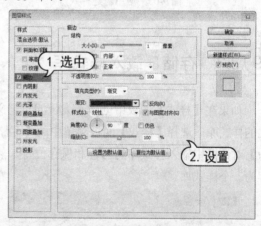

图 9-60　使用【描边】样式

(7) 选中【投影】样式，设置投影颜色为 CMYK=44、80、85、68，在【混合模式】下拉列表中选择【正常】选项，设置【不透明度】为 100%，【距离】为 2 像素，【大小】为 18 像素，然后单击【确定】按钮，如图 9-61 所示。

(8) 在【样式】面板中，单击【创建新样式】按钮，打开【新建样式】对话框。在该对话框中的【名称】文本框中输入"金属字"，然后单击【确定】按钮创建新样式，如图 9-62 所示。

(9) 在【图层】面板中，选中 Spinning 图层，并在【样式】面板中单击刚创建的【金属字】样式，如图 9-63 所示。

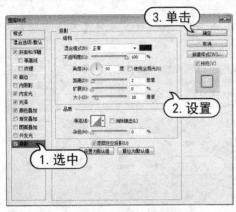
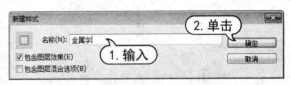

图 9-61　使用【投影】样式　　　　　　　　图 9-62　新建样式

图 9-63　应用新建样式

提示

在【图层】面板中双击效果名称，可以打开【图层样式】对话框并进入该效果的设置选项。此时可以修改效果的参数，修改完成后，单击【确定】按钮，即可将修改后的效果应用于图像。

9.3.3　存储、载入样式库

如果在【样式】面板中创建了大量的自定义样式，用户可以将这些样式单独保存为一个独立的样式库。选择【样式】面板菜单中的【存储样式】命令，在打开的如图 9-64 所示的【另存为】对话框中输入样式库的名称和保存位置，然后单击【确定】按钮，即可将面板中的样式保存为一个样式库。

知识点

如果将自定义的样式库保存在 Photoshop 安装文件夹的 Presets|Styles 文件夹中，则重新运行 Photoshop 后，该样式库的名称会出现在【样式】面板菜单的底部。

图 9-64　存储样式库

【样式】面板菜单的下半部分是 Photoshop 提供的预设样式库，选择一种样式库，系统会弹出提示对话框。如果单击【确定】按钮，可以载入样式库并替换【样式】面板中的所有样式；如果单击【追加】按钮，则该样式库会添加到原有样式的后面。

【例 9-4】在图像文件中，载入样式库。

(1) 在 Photoshop 中，选择【文件】|【打开】命令，打开一幅图像文件，并在【图层】面板中选中 shape 图层，如图 9-65 所示。

(2) 在【样式】面板中，单击面板菜单按钮 打开面板菜单。在菜单中选择【玻璃按钮】命令，载入【玻璃按钮】样式库，如图 9-66 所示。

图 9-65　选中图层

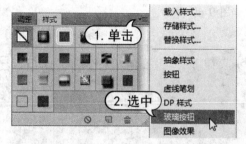

图 9-66　载入样式库

(3) 在弹出的提示对话框中，单击【确定】按钮载入预设样式库。在【样式】面板中单击【洋红色玻璃】样式，应用预设样式，如图 9-67 所示。

图 9-67　应用样式

9.4　智能对象图层

在 Photoshop 中，可以通过使用置入的方法在当前图像文件中嵌入包含栅格或矢量图像数据的智能对象图层。智能对象图层将保留图像的源内容及其所有原始数据，从而可以使用户能够对图层执行非破坏性的编辑。

9.4.1　创建智能对象

在图像文件中要创建智能对象，可以使用以下几种方法。

- 使用【文件】|【打开为智能对象】命令，可以选择一幅图像文件作为智能对象打开。
- 使用【文件】|【置入】命令，可以选择一幅图像文件作为智能对象置入到当前文档中。
- 在打开的图像文件中的【图层】面板中，选中一个或多个图层，然后使用【图层】|【智能对象】|【转为智能对象】命令将选中图层转换为智能对象。

【例9-5】在图像文件中，置入智能对象。

(1) 选择【文件】|【打开】命令，选择打开一幅图像文件，如图9-68所示。

(2) 选择【文件】|【置入】命令，在【置入】对话框中选择pens.tif文件，然后单击【置入】按钮，如图9-69所示。

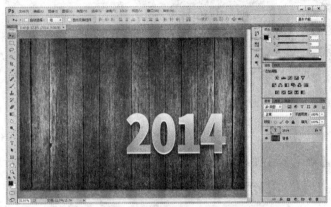

图 9-68　打开图像

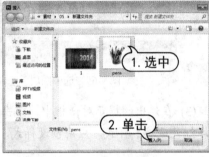

图 9-69　置入图像

(3) 将文件置入文件窗口后，可直接在对象上按住左键来调整位置，或拖拽角落的控制点来缩放对象大小。调整完毕后按Enter键即可置入智能对象，如图9-70所示。

图 9-70　创建智能对象

> **提示**
>
> 在【图层】面板中选择智能对象图层，然后选择【图层】|【智能对象】|【通过拷贝新建智能对象】命令，可以复制一个智能对象。也可以将智能对象拖拽到【图层】面板下方的【创建新图层】按钮上释放鼠标，或直接按Ctrl+J键复制。

9.4.2　编辑智能对象

创建智能对象后，用户可以根据需要对其内容进行修改。若要编辑智能对象，可以直接双击智能对象图层中的缩览图，则智能对象便会打开相关联软件进行编辑。而在关联软件中修改完成后，只要重新存储，系统就会自动更新Photoshop中的智能对象。

【例 9-6】在图像文件中，编辑智能对象。

(1) 继续使用【例 9-5】中的图像文件，双击智能对象图层缩览图，在提示框中单击【确定】按钮，在 Photoshop 应用程序中打开智能对象源图像，如图 9-71 所示。

图 9-71　打开智能对象源图像

(2) 在【图层】面板中，按 Ctrl 键单击【创建新图层】按钮在【背景】图层下方新建【图层 1】。选择【椭圆选框】工具，在选项栏中设置【羽化】为 50 像素，然后使用工具拖动创建选区，并按 Alt+Delete 键填充选区，如图 9-72 所示。

(3) 按 Ctrl+D 键取消选区，按 Ctrl+T 键应用【自由变换】命令，并按 Ctrl 键调整图像形状，如图 9-73 所示。

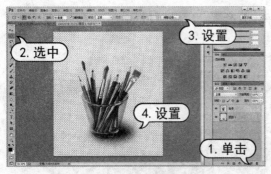

図 9-72　调整图像　　　　　　　　　　　图 9-73　调整图像

(4) 按 Enter 键应用变换，在【图层】面板中设置【图层 1】图层混合模式为【柔光】，然后按 Ctrl+S 键存储文件的修改。返回【例 9-5】图像文件，可查看修改后效果，如图 9-74 所示。

图 9-74　应用编辑

9.4.3 替换对象内容

如果用户对创建的智能对象不满意，可以选择【图层】|【智能对象】|【替换内容】命令，打开【置入】对话框，重新选择文档替换当前选择的智能对象。

【例9-7】替换智能对象内容。

(1) 选择【文件】|【打开】命令，打开一个包含智能对象的图像文件，如图9-75示。

(2) 选择智能对象图层，选择【图层】|【智能对象】|【替换内容】命令，打开【置入】对话框，选择文件，单击【置入】按钮，如图9-76所示。

图9-75 打开图像文件　　　　　　　　图9-76 选择替换内容

(3) 按Ctrl+T键应用【自由变换】命令移动并放大图像，然后按Enter键应用，如图9-77所示。

图9-77 替换内容

> **知识点**
>
> 选择【图层】|【智能对象】|【栅格化】命令可以将智能对象转换为普通图层。转换为普通图层后，原始图层缩览图上的智能对象标志也会消失。

9.5 上机练习

本章的上机练习通过制作木雕效果，使用户更好地掌握本章所学的图层样式创建、编辑操作方法和技巧。

(1) 选择【文件】|【新建】命令，打开【新建】对话框。在该对话框的【名称】文本框中输入"木雕效果"，设置【宽度】为640像素，【高度】为480像素，【分辨率】为300像素/英寸，然后单击【确定】按钮新建文档，如图9-78所示。

(2) 在【颜色】面板中，设置前景色为RGB=187、166、103，背景色为RGB=93、56、25。选择【滤镜】|【渲染】|【纤维】命令，打开【纤维】对话框。在该对话框中，设置【差异】数值为9，【强度】数值为24，然后单击【确定】按钮，如图9-79所示。

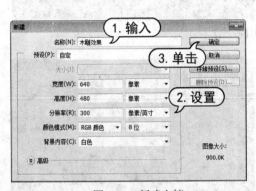

图 9-78　新建文档

图 9-79　应用【纤维】滤镜

(3) 选择【文件】|【置入】命令，打开【置入】对话框。在该对话框中，选择 coffee.Png 文件，然后单击【置入】按钮置入图像，如图9-80所示。

(4) 将【背景】图层拖动到【图层】面板底部的【创建新图层】按钮上，将【背景】图层复制一份。按 Ctrl 键在 coffee 图层缩览图上单击载入选区，如图9-81所示。

图 9-80　置入图像

图 9-81　载入选区

(5) 按 Delete 键将选区内图像删除，并关闭 coffee 图层视图，按 Ctrl+D 键取消选区。在【图层】面板中，单击【图层】面板下方的【添加图层样式】按钮，在弹出的【图层样式】对话框中，选择【投影】选项，设置【距离】为2像素，【大小】为10像素，如图9-82所示。

(6) 选中【斜面和浮雕】复选框，设置【深度】为215%，【大小】为2像素，然后单击【确定】按钮，如图9-83所示。

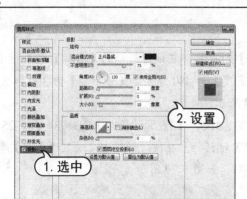

图 9-82　应用【投影】样式

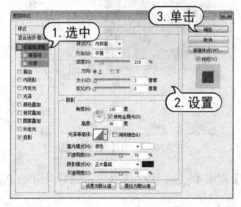

图 9-83　应用【斜面和浮雕】样式

9.6 习题

1. 通过【图层样式】对话框，为图像添加【投影】和【斜面和浮雕】图层样式，如图 9-84 所示。

2. 打开两幅图像文件，并通过图层操作调整图像效果，如图 9-85 所示。

图 9-84　图像效果　　　　　　　图 9-85　图像效果

第10章

路径和形状工具的应用

学习目标

在 Photoshop 中，使用路径工具或形状工具能够在图像中绘制出准确的线条或形状，这在图像设计应用中非常有用。本章主要介绍创建和编辑矢量路径的方法及所使用的工具。

本章重点

- ⊙ 了解路径与绘图
- ⊙ 使用形状工具
- ⊙ 创建自由路径
- ⊙ 编辑路径
- ⊙ 路径的基本操作
- ⊙ 使用【路径】面板管理路径

10.1 了解路径与绘图

路径是由贝塞尔曲线构成的图形。由于贝塞尔曲线具有精确和易于修改的特点，被广泛应用于计算机图形领域，用于定义和编辑图像的区域。使用贝塞尔曲线可以精确定义一个区域，并且可以将其保存以便重复使用。

10.1.1 绘图模式

Photoshop 中的钢笔和形状等矢量工具可以创建不同类型的对象，包括形状图层、工作路径和填充像素。选择一个矢量工具后，首先需要在工具选项栏中选择绘图模式，包括【形状】、【路径】和【像素】3 种，然后才能进行绘图。

1. 创建形状

在选择钢笔或形状工具后，在选项栏中设置绘制模式为【形状】，可以创建单独的形状图层，并可以设置填充、描边类型，如图 10-1 所示。单击【填充】按钮，可以在弹出的面板中选择【无填充】、【纯色】、【渐变】或【图案】类型，如图 10-2 所示。

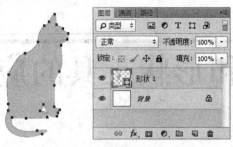

图 10-1　使用【形状】模式

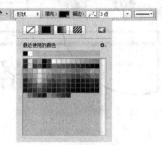

图 10-2　填充设置

单击【描边】按钮，弹出的面板设置与【填充】面板相同。在【描边】按钮右侧的数值框中，可以设置形状描边宽度。单击【描边类型】按钮，在弹出的面板中可以选择预设的描边类型，还可以对描边的对齐方式、端点以及角点类型进行设置，如图 10-3 所示。单击【更多选项】按钮，可以在弹出的如图 10-4 所示的【描边】对话框中创建新的描边类型。

图 10-3　描边设置

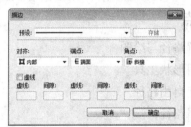

图 10-4　【描边】对话框

2. 创建路径

在选项栏中设置绘制模式为【路径】，可以创建工作路径，如图 10-5 所示。工作路径会不出现在【图层】面板中，只出现在【路径】面板中。绘制完成后，用户可以在如图 10-6 所示的选项栏中通过单击【选区】、【蒙版】以及【形状】按钮快速地将路径转换为选区、蒙版或形状。

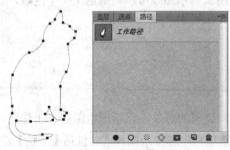

图 10-5　使用【路径】模式

图 10-6　【路径】选项栏

单击【选区】按钮，可以打开如图 10-7 所示的【建立选区】对话框。在该对话框中可以设置选区效果。单击【蒙版】按钮，可以依据路径创建矢量蒙版，如图 10-8 所示。单击【形状】按钮，可将路径转换为形状图层。

图 10-7 【建立选区】对话框

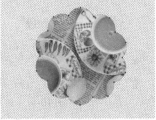

图 10-8 单击【蒙版】按钮

3. 创建像素

在选项栏中设置绘制模式为【像素】，可以以当前前景色在所选图层中进行绘制，如图 10-9 所示。在如图 10-10 所示的选项栏中可以设置合适的混合模式与不透明度。

图 10-9 使用【像素】模式

图 10-10 【像素】模式选项栏

⑩.1.2 认识路径与锚点

路径是由多个锚点的矢量线条构成的图像。更确切地说，路径是由贝塞尔曲线构成的图形。贝塞尔曲线是由锚点、线段、方向线与方向点组成的线段，如图 10-11 所示。与其他矢量图形软件相比，Photoshop 中的路径是不可打印的矢量形状，主要是用于勾画图像区域的轮廓，用户可以对路径进行填充和描边，还可以将其转换为选区。

- 线段：两个锚点之间连接的部分即为线段。如果线段两端的锚点都是角点，则线段为直线；如果任意一端的锚点是平滑点，则该线段为曲线段，如图 10-12 所示。当改变锚点属性时，通过该锚点的线段也会受到影响。

- 锚点：锚点又称为节点。在绘制路径时，线段与线段之间由锚点链接。当锚点显示为白色空心时，表示该锚点未被选择；而当锚点为黑色实心时，表示该锚点为当前选择的点。

- 方向线：当使用【直接选择】工具或【转换点】工具选择带有曲线属性的锚点时，锚点两侧会出现方向线。用鼠标拖拽方向线末端的方向点，可以改变曲线段的弯曲程度。

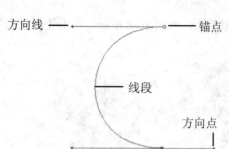

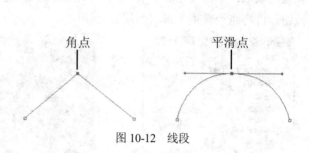

图 10-11　贝塞尔曲线　　　　　　　　　　图 10-12　线段

10.2　使用形状工具

在 Photoshop 中，用户还可以通过形状工具创建路径图形。形状工具一般可分为两类：一类是基本几何体图形的形状工具；一类是图形形状较多样的自定形状。形状工具选项栏的前半部分与钢笔工具一样，后半部分可以根据绘制需要自行设置。

10.2.1　绘制基本形状

Photoshop 提供了【矩形】工具、【圆角矩形】工具、【椭圆】工具、【多边形】工具和【直线】工具几种基本形状的创建工具。

1．【矩形】工具

【矩形】工具用来绘制矩形和正方形。选择该工具后，单击并拖动鼠标可以创建矩形；按住 Shift 键拖动则可以创建正方形；按住 Alt 键拖动会以单击点为中心向外创建矩形；按住 Shift+Alt 键会以单击点为中心向外创建正方形，如图 10-13 所示。单击该工具选项栏中的 ⚙ 按钮，打开如图 10-14 所示下拉面板，在其中可以设置矩形的创建方法。

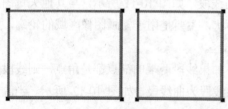

图 10-13　使用【矩形】工具

图 10-14　【矩形】工具选项栏

- ⊙ 【不受约束】单选按钮：选中该单选按钮，可以根据任意尺寸或比例创建矩形图形。
- ⊙ 【方形】单选按钮：选中该单选按钮，可以创建正方形图形。
- ⊙ 【固定大小】单选按钮：选中该单选按钮，可以按该选项右侧的 W 与 H 文本框设置的宽高尺寸创建矩形图形。

- ◉ 【比例】单选按钮：选中该单选按钮，可以按该选项右侧的 W 与 H 文本框设置的长宽比例创建矩形图形。
- ◉ 【从中心】复选框：选中该复选框，创建矩形时，鼠标在画面中的单击点即为矩形的中心，拖动鼠标创建矩形时将由中心向外扩展。

2. 【圆角矩形】工具

使用工具箱中的【圆角矩形】工具，可以快捷地绘制带有圆角的矩形图形，如图 10-15 所示。此工具的选项栏与【矩形】工具栏大致相同，只是多了一个用于设置圆角参数属性的【半径】文本框，如图 10-16 所示。用户可以在该文本框中输入所需矩形的圆角半径大小。选项栏中其他参数的设置方法与【矩形】工具的选项栏相同。

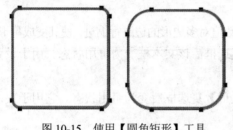

图 10-15 使用【圆角矩形】工具   图 10-16 【圆角矩形】工具选项栏

3. 【椭圆】工具

【椭圆】工具用于创建椭圆形和圆形的图形对象，如图 10-17 所示。选择该工具后，单击并拖动鼠标可以创建椭圆形，按住 Shift 键拖动则可以创建圆形。其选项栏及创建图形的操作方法与【矩形】工具基本相同，只是在其选项栏的【椭圆选项】对话框中少了【方形】单选按钮，而增加了【圆(绘制直径或半径)】单选按钮。选中此单选按钮，可以以直径或半径方式创建圆形图形，如图 10-18 所示。

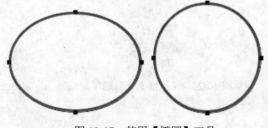

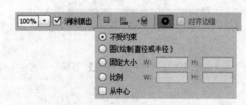

图 10-17 使用【椭圆】工具   图 10-18 【椭圆】工具选项栏

4. 【多边形】工具

【多边形】工具可以用来创建多边形与星形图形，如图 10-19 所示。选择该工具后，需要在选项栏中设置多边形或星形的边数，单击选项栏中的 按钮，在弹出的下拉面板中可以设置多边形选项，如图 10-20 所示。

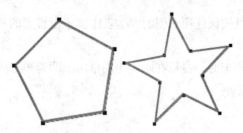

图 10-19　使用【多边形】工具　　　　　　　　图 10-20　【多边形】工具选项栏

- ◉ 【半径】文本框：用于设置多边形外接圆的半径。设置该参数数值后，Photoshop 会按所设置的固定尺寸在图像文件窗口中创建多边形图形。

- ◉ 【平滑拐角】复选框：用于设置是否对多边形的夹角进行平滑处理，即使用圆角代替尖角。

- ◉ 【星形】复选框：启用此复选框，系统会根据数值对多边形的边进行缩进，使其变成星形。

- ◉ 【缩进边依据】文本框：在启用【星形】复选框后该文本框变为可用状态。用于设置缩进边的百分比数值。

- ◉ 【平滑缩进】复选框：该复选框在启用【星形】复选框后变为可用状态。它用于决定是否在绘制星形时对其内夹角进行平滑处理。

5.【直线】工具

　　【直线】工具可以绘制直线和带箭头的直线，如图 10-21 所示。选择该工具后，单击并拖动鼠标可以创建直线或线段，按住 Shift 键可以创建水平、垂直或以 45°角为增量的直线。【直线】工具选项栏中的【粗细】文本框用于设置创建直线的宽度。单击 ⚙ 按钮在弹出的下拉面板中可以设置箭头的形状大小，如图 10-22 所示。

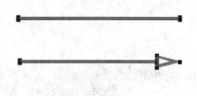

图 10-21　使用【直线】工具　　　　　　　　图 10-22　【直线】工具选项栏

⑩.2.2　自定义形状

　　使用【自定形状】工具可以创建预设的形状、自定义的形状或外部提供的形状。选择该工具后，需要单击选项栏中的【形状】下拉面板按钮，可以打开下拉面板选取一种形状，如图 10-23 所示，单击并拖动鼠标即可创建该图形。如果要保持形状的比例，可以按住 Shift 键绘制图形。如果要使用其他方法创建图形，可以单击 ⚙ 按钮，在弹出的下拉面板中进行设置，如图 10-24

所示。

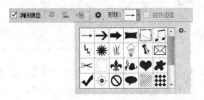
图 10-23　形状选项

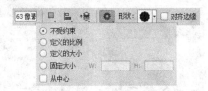
图 10-24　自定形状选项

【例 10-1】使用形状工具创建小图标效果。

(1) 在 Photoshop 中，选择【文件】|【新建】命令，打开【新建】对话框。在该对话框中，设置【宽度】和【高度】均为 800 像素，【分辨率】为 300 像素/英寸，然后单击【确定】按钮，如图 10-25 所示。

(2) 按 Ctrl+R 键显示标尺，并按住 Shift 键创建水平和垂直参考线。选择【自定形状】工具，在选项栏中设置绘图模式为【形状】，单击【形状】下拉面板，选中【圆角方形】形状，然后在图像中根据参考线，按 Alt+Shift 键拖动绘制形状，如图 10-26 所示。

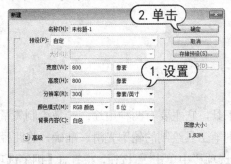
图 10-25　新建文档

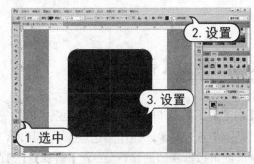
图 10-26　绘制形状

(3) 在【样式】面板中载入【按钮】样式库，并单击【孔盖】样式，如图 10-27 所示。

(4) 按 Ctrl 键单击【形状 1】图层缩览图，载入选区。选择【文件】|【打开】命令，打开另一幅素材图像。按 Ctrl+A 键全选图像，并按 Ctrl+C 键复制，如图 10-28 所示。

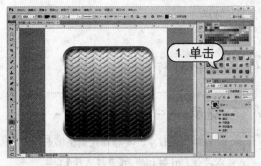
图 10-27　应用样式

图 10-28　复制图像

(5) 返回正在编辑的图像，选择【编辑】|【选择性粘贴】|【贴入】命名，将复制的图像粘贴到选区中，并按 Ctrl+T 键应用【自由变换】命令调整图像大小，如图 10-29 所示。

计算机 基础与实训教材系列

图 10-29　贴入图像

计算机 基础与实训教材系列

提示

在绘制矩形、圆形、多边形、直线和自定义形状时，在创建形状的过程中按下键盘中的空格键并拖动鼠标，可以移动形状的位置。

10.3　创建自由路径

在 Photoshop 中，用户可以根据需要使用【钢笔】工具、【自由钢笔】工具创建任意形状的路径。

10.3.1　使用【钢笔】工具

【钢笔】工具是 Photoshop 中最为强大的绘制工具，它主要有两种用途：一是绘制矢量图形，二是用于选取对象。在作为选取工具使用时，钢笔工具绘制的轮廓光滑、准确，将路径转换为选区就可以准确地选择对象。在【钢笔】工具的选项栏中单击 按钮，将打开【钢笔选项】对话框。在该对话框中，如果启用【橡皮带】复选框，可以在创建路径过程中直接自动产生连接线段，而不是等到单击创建锚点后才在两个锚点间创建线段，如图 10-30 所示。

图 10-30　【钢笔】工具选项栏

【例 10-2】使用【钢笔】工具选取图像。

(1) 选择【文件】|【打开】命令，打开素材图像，如图 10-31 所示。

图 10-31　打开图像文件

提示

在绘制过程中，要移动或调整锚点，可以按住 Ctrl 键切换为【直接选择】工具，按住 Alt 键则切换为【转换点】工具。

(2) 选择工具箱中的【钢笔】工具，在选项栏中设置绘图模式为【路径】。在图像上单击鼠标，绘制出第一个锚点。在线段结束的位置再次单击鼠标，并按住鼠标拖动出方向线调整路径段的弧度，如图 10-32 所示。

(3) 依次在图像上单击，确定锚点位置。如果要创建一个开放路径，需要再次单击【钢笔】工具即可。如果要创建一个闭合路径，当鼠标回到初始锚点时，光标右下角将出现一个小圆圈，这时单击鼠标即可闭合路径，如图 10-33 所示。

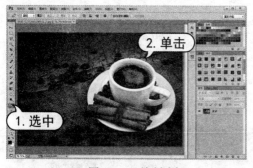

图 10-32　绘制路径

图 10-33　绘制路径

(4) 在选项栏中单击【选区】按钮，在弹出的【建立选区】对话框中设置【羽化半径】为 2 像素，然后单击【确定】按钮，并按 Ctrl+C 键复制选区内图像，如图 10-34 所示。

(5) 选择【文件】|【打开】命令，打开素材图像。按 Ctrl+V 键粘贴图像，并按 Ctrl+T 键应用【自由变换】命令调整粘贴的图像大小，如图 10-35 所示。

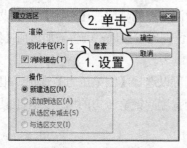

图 10-34　创建选区

图 10-35　粘贴图像

(6) 双击【图层 1】打开【图层样式】对话框。在该对话框中选中【投影】样式，设置【不透明度】为 100%、【距离】为 90 像素、【大小】为 105 像素，然后单击【确定】按钮，如图 10-36 所示。

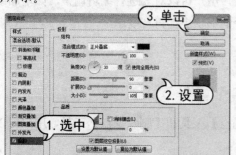

图 10-36　应用【投影】样式

⑩.3.2　使用【自由钢笔】工具

使用【自由钢笔】工具绘图时，系统将自动添加锚点，如图 10-37 所示。在【自由钢笔】工具的选项栏中选中【磁性的】复选框，可以将【自由钢笔】工具切换为【磁性钢笔】工具，如图 10-38 所示。使用该工具可以像使用【磁性套索】工具一样，快速勾勒出对象的轮廓。

图 10-37　使用【自由钢笔】工具　　　　　图 10-38　【自由钢笔】工具选项栏

- ◉　【曲线拟合】：控制最终路径对鼠标或压感笔移动的灵敏度，该值越高，生成的锚点越少，路径也越简单。
- ◉　【磁性的】：选中【磁性的】复选框，可激活下面的设置参数。【宽度】用于设置磁性钢笔工具的检测范围，该值越高，工具的检测范围就越广；【对比】用于设置工具对图像边缘的敏感度，如果图像边缘与背景的色调比较接近，可将增加该值【频率】；用于确定锚点的密度，该值越高，锚点的密度越大。
- ◉　【钢笔压力】：如果计算机配置有数位板，则可以选择【钢笔压力】选项，根据用户使用光笔时在数位板上的压力大小来控制检测宽度，钢笔压力的增加会使工具的检测宽度减小。

⑩.4　路径基本操作

使用 Photoshop 中的各种路径工具创建路径后，用户可以对其进行编辑调整，如增加或删除锚点，对路径锚点位置进行移动等，从而使路径的形状更加符合要求。

⑩.4.1　添加或删除锚点

通过使用工具箱中的【钢笔】工具、【添加锚点】工具和【删除锚点】工具，用户可以很方便地增加或删除路经中的锚点。

选择【添加锚点】工具，将光标放置在路径上；当光标变为 ◥₊状时，单击即可添加一个角点；如果单击并拖动鼠标，则可以添加一个平滑点，如图 10-39 所示。如果使用【钢笔】工具，在选中路径后，将光标放置在路径上，当光标变为 状时，单击也可以添加锚点。

选择【删除锚点】工具，将光标放置在锚点上，当光标变为 状时，单击可删除该锚点，如图 10-40 所示。或在选择路径后，使用【钢笔】工具将光标放置在锚点上，当光标变为 状时，单击也可删除锚点。

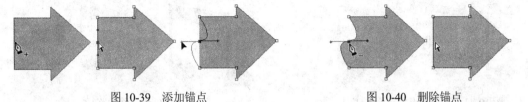

图 10-39　添加锚点　　　　　　　　图 10-40　删除锚点

10.4.2　改变锚点类型

使用【直接选择】工具 和【转换点】工具 ，可以转换路径中的锚点类型。一般先使用【直接选择】工具选择所需操作的路径锚点，然后使用工具箱中的【转换点】工具，对选择的锚点进行锚点类型的转换。

- 使用【转换点】工具单击路径上任意锚点，可以直接将该锚点的类型转换为直角点，如图 10-41 所示。
- 使用【转换点】工具在路径的任意锚点上单击并拖动鼠标，可以改变该锚点的类型为平滑点，如图 10-42 所示。

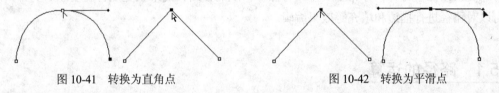

图 10-41　转换为直角点　　　　　　图 10-42　转换为平滑点

- 使用【转换点】工具在路径的任意锚点的方向点上单击并拖动鼠标，可以改变该锚点的类型为曲线角点。
- 按住 Alt 键，使用【转换点】工具在路径上的平滑点和曲线角点上单击，可以改变该锚点的类型为复合角点。

10.4.3　路径选择工具

使用工具箱中的【直接选择】工具 和【路径选择】工具 可以进行选择、移动锚点和路径。使用【直接选择】工具单击一个锚点即可选择该锚点，选中的锚点为实心方块，未选中的锚点为空心方块；单击一个路径段时，可以选择该路径段，如图 10-43 所示。

使用【直接选择】工具选择锚点后，拖动鼠标可以移动锚点改变路径形状。使用【直接选择】工具选择路径段后，拖动鼠标可以移动路径段。如果按下键盘上的任一方向键，可向箭头所指方向一次移动 1 个像素。如果在按下键盘方向键的同时按住 Shift 键，则可以一次移动 10 个像素。使用【路径选择】工具单击路径即可选择路径。此时，拖动路径可以移动路径，如图 10-44 所示。

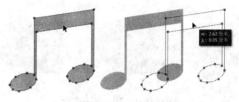

图 10-43　使用【直接选择】工具　　　　　图 10-44　移动路径

 提示

如果要添加选择锚点、路径段或是路径，可以按住 Shift 键逐一单击需要选择的对象，也可以单击并拖动出一个选框，将需要选择的对象框选。按住 Alt 键单击一个路径段，可以选择该路径段及路径段上的所有锚点。如果要取消选择，在画面的空白处单击即可。

⑩.5　编辑路径

使用 Photoshop 中的各种路径工具创建路径后，用户可以对其进行编辑调整，如对路径进行运算、变换路径、对齐、分布以及排列等操作，从而使路径的形状更加符合要求。另外，用户还可以对路径进行描边和填充等效果编辑。

⑩.5.1　路径的运算

在使用【钢笔】工具或形状工具创建多个路径时，可以在选项栏中单击【路径操作】按钮在弹出的下拉列表中选择相应的【合并形状】、【减去顶层形状】、【与形状区域相交】或【排除重叠形状】选项，设置路径运算的方式，创建特殊效果的图形形状，如图 10-45 所示。

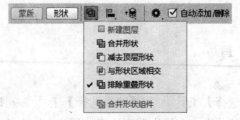

图 10-45　路径操作选项

● 【合并形状】：该选项可以将新绘制的路径添加到原有路径中，如图 10-46 所示。

⊙ 【减去顶层形状】：该选项将从原有路径中减去新绘制的路径，如图 10-47 所示。

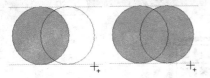

图 10-46 合并形状

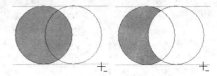

图 10-47 减去顶层形状

⊙ 【与形状区域相交】：该选项将得到路径为新绘制路径与原有路径的交叉区域，如图 10-48 所示。

⊙ 【排除重叠形状】：该选项将得到的路径为新绘制路径与原有路径重叠区域以外的路径形状，如图 10-49 所示。

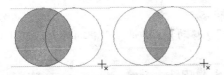

图 10-48 与形状区域相交

图 10-49 排除重叠形状

⑩.5.2 变换路径

在图像文件窗口选择所需编辑的路径后，选择【编辑】|【自由变换路径】命令，或者选择【编辑】|【变换路径】命令的级联菜单中的相关命令，在图像文件窗口中显示的定界框，拖动控制点即可对路径进行缩放、旋转、斜切和扭曲等变换操作，如图 10-50 所示。路径的变换方法与变换图像的方法相同。

图 10-50 变换路径

知识点

使用【直接选择】工具选择路径的锚点，再选择【编辑】|【自由变换点】命令，或者选择【编辑】|【变换点】命令的子菜单中的相关命令，可以编辑图像文件窗口中显示的控制点，从而实现路径部分线段的形状变换。

计算机基础与实训教材系列

【例 10-3】应用路径变换制作图像效果。

(1) 选择【文件】|【新建】命令，打开【新建】对话框。在该对话框中，设置【宽度】为 800 像素，【高度】为 500 像素，【分辨率】为 300 像素/英寸，然后单击【确定】按钮新建文档，如图 10-51 所示。

(2) 按 Ctrl+R 键显示标尺，创建水平辅助线。选择【自定形状】工具，在【形状】下拉面板中选择【装饰 3】，然后在图像中的辅助线上单击并按 Alt+Shift 键拖动绘制图形，如图 10-52 所示。

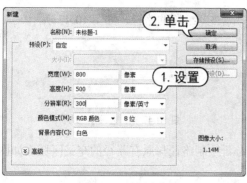

图 10-51　新建文档

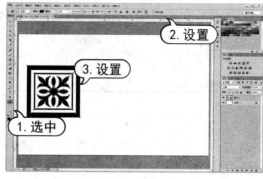

图 10-52　绘制形状

(3) 选择菜单栏中的【编辑】|【变换路径】|【旋转】命令，在选项栏中，设置【旋转】为 45 度，然后单击【提交变换】按钮，如图 10-53 所示。

(4) 按 Ctrl+J 键两次复制【形状 1】图层，并使用【移动】工具调整形状的位置，如图 10-54 所示。

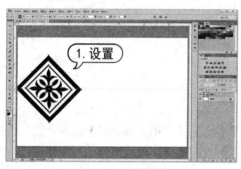

图 10-53　变换路径

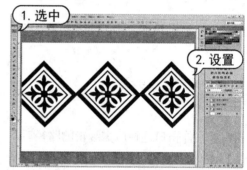

图 10-54　复制形状

(5) 使用【路径选择】工具选中一个路径，在工具选项栏中单击【设置形状填充类型】图标，在弹出的下拉面板中单击【浅洋红】色板，如图 10-55 所示。

(6) 使用与步骤(5)相同操作方法，分别选择另外两个路径，并填充【浅紫洋红】色和【浅紫】色，如图 10-56 所示。

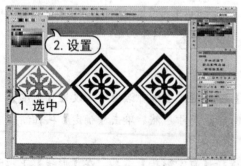

图 10-55　设置填充

图 10-56　设置填充

⑩.5.3 将路径转换为选区

在 Photoshop 中，除了使用【钢笔】工具和形状工具创建路径外，还可以通过图像文件窗口中的选区来创建路径。要通过选区来创建路径，用户只需在创建选区后单击【路径】面板底部的【从选区生成工作路径】按钮，即可将选区转换为路径。

在 Photoshop 中，不但能够将选区转换为路径，而且还能够将所选路径转换为选区进行处理。要转换绘制的路径为选区，可以单击【路径】面板中的【将路径作为选区载入】按钮。如果操作的路径是开放路径，那么在转换为选区的过程中，Photoshop 会自动将该路径的起始点和终止点连接在一起，从而形成封闭的选区范围。

【例 10-4】在图像文件中，应用路径与选区的转换制作图像效果。

(1) 选择【文件】|【打开】命令，打开素材图像。选择【钢笔】工具，在选项栏中设置绘图模式为【路径】，然后在素材图像中创建路径，如图 10-57 所示。

(2) 单击【路径】面板中的【将路径作为选区载入】按钮 将路径转换为选区，如图 10-58 所示。

图 10-57　绘制路径　　　　　　　　图 10-58　转换为选区

(3) 选择【文件】|【打开】命令，打开一幅素材文件，并按 Ctrl+A 键全选图像画面，然后按 Ctrl+C 键复制图像，如图 10-59 所示。

(4) 返回图像文件，选择【编辑】|【选择性粘贴】|【贴入】命令贴入素材图像，并按 Ctrl+T 键应用【自由变换】命令调整图像大小，如图 10-60 所示。

图 10-59　复制图像　　　　　　　　图 10-60　贴入图像

⑩.5.4 描边路径

在 Photoshop 中，还可以为路径添加描边，创建丰富的边缘效果。创建路径后，单击【路径】面板中的【用画笔描边路径】按钮，可以使用【画笔】工具的当前设置对路径进行描边。

也可以在面板菜单中选择【描边路径】命令，或按住 Alt 键单击【用画笔描边路径】按钮，打开【描边路径】对话框。在其中可以选择画笔、铅笔、橡皮擦、背景橡皮擦、仿制图章、历史记录画笔、加深和减淡等工具描边路径。如果选中【模拟压力】复选框，则可以使描边的线条产生粗细变化。在描边路径前，需要先设置好工具的参数。

【例 10-5】在图像文件中，使用【描边路径】命令制作图像效果。

(1) 选择【文件】|【打开】命令，打开素材图像，如图 10-61 所示。

(2) 右击文字图层，在弹出的菜单中选择【创建工作路径】命令，如图 10-62 所示。

图 10-61 打开图像文件

图 10-62 创建工作路径

(3) 在【图层】面板中，单击【创建新图层】按钮新建【图层 1】图层，选择【画笔】工具，并在选项栏中设置画笔样式，并按 Shift+X 键切换前景色和背景色，如图 10-63 所示。

(4) 在【图层】面板中，关闭文字图层视图。选中【路径】面板，并按住 Alt 键单击【路径】面板中的【用画笔描边路径】按钮，如图 10-64 所示。

图 10-63 设置画笔

图 10-64 用画笔描边路径

(5) 在打开的【描边路径】对话框的【工具】下拉列表中，选择【画笔】选项，并选中【模拟压力】复选框，然后单击【确定】按钮，如图 10-65 所示。

(6) 在【路径】面板空白处单击，然后按 Ctrl+T 键调整文字图像，如图 10-66 所示。

图 10-65　设置描边路径

图 10-66　调整文字图像

10.5.5　填充路径

填充路径是指用指定的颜色、图案或历史记录的快照填充路径内的区域。在进行路径填充前，先要设置好前景色。如果使用图案或历史记录的快照填充，还需要先将所需的图像定义成图案或创建历史记录的快照。在【路径】面板中单击【用前景色填充路径】按钮，可以直接使用预先设置的前景色填充路径。

在【路径】面板菜单中选择【填充路径】命令，或按住 Alt 键单击【路径】面板底部的【用前景色填充路径】按钮，打开如图 10-67 所示的【填充路径】对话框。在该对话框中设置选项后，单击【确定】按钮即可使用指定的颜色、图像状态和图案填充路径。

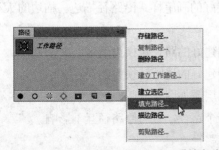

图 10-67　【填充路径】对话框

10.6　使用【路径】面板管理路径

【路径】面板用于保存和管理路径，面板中显示了每条存储的路径，当前工作路径和当前矢量蒙版的名称和缩览图。

⑩.6.1　认识【路径】面板

在 Photoshop 中，路径的操作和管理是通过【路径】面板来进行的，选择【窗口】|【路径】命令，可以打开如图 10-68 所示的【路径】面板。

在【路径】面板中可以对已创建的路径进行填充、描边、创建选区和保存路径等操作。单击【路径】面板右上角的面板菜单按钮，可以打开如图 10-69 所示的路径菜单。菜单命令和【路径】面板中的按钮功能大致相同。

图 10-68　【路径】面板

图 10-69　【路径】面板菜单

- ⦿ 【用前景色填充路径】按钮：用设置好的前景色填充当前路径。且删除路径后，填充颜色依然存在。
- ⦿ 【用画笔描边路径】按钮：使用设置好的画笔样式沿路径描边。描边的大小由画笔大小决定。
- ⦿ 【将路径作为选区载入】按钮：将创建好的路径转换为选区。
- ⦿ 【从选区生成工作路径】按钮：将创建好的选区转换为路径。
- ⦿ 【添加蒙版】按钮：为创建的形状图层添加图层蒙版。
- ⦿ 【创建新路径】按钮：可重新存储一个路径，且与原路径互不影响。
- ⦿ 【删除当前路径】按钮：可删除当前路径。

⑩.6.2　存储工作路径

由于【工作路径】层是临时保存的绘制路径，在绘制新路径时，原有的工作路径将被替代。因此，需要保存【工作路径】层中的路径。

如果要存储工作路径而不重命名，可以将【工作路径】拖动至面板底部的【创建新路径】按钮上然后释放鼠标；如果要存储并重命名，可以双击【工作路径】名称，或在面板菜单中选择【存储路径】命令，打开如图 10-70 所示的【存储路径】对话框。在该对话框中设置所需路

第 10 章　路径和形状工具的应用

径名称后，单击【确定】按钮即可保存。

图 10-70　【存储路径】对话框

10.6.3　新建路径

使用【钢笔】工具或是形状工具绘制图形时，如果没有单击【创建新路径】按钮而直接绘制，那么创建的路径就是工作路径。

工作路径是出现在【路径】面板中的临时路径，用于定义形状的轮廓。在【路径】面板中，可以在不影响【工作路径】层的情况下创建新的路径图层。用户只需在【路径】面板底部单击【创建新路径】按钮，即可在【工作路径】层的上方创建一个新的路径层，并在该路径中绘制新的路径。需要说明的是，在新建的路径层中绘制的路径将立刻保存在该路径层中，而不是像【工作路径】层中的路径那样是暂存的。

如果要在新建路径时设置路径名称，可以按住 Alt 键单击【创建新路径】按钮，在打开如图 10-71 所示的【新建路径】对话框中输入路径名称。

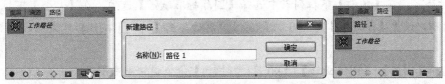

图 10-71　【新建路径】对话框

10.6.4　复制、粘贴路径

要拷贝路径，先通过工具箱中的【路径选择】工具选择所需操作的路径，然后使用菜单栏中的【编辑】|【拷贝】命令进行拷贝，再通过【粘贴】命令进行粘贴，接着使用【路径选择】工具移动该路径即可，如图 10-72 所示。

图 10-72　复制路径

计算机 基础与实训教材系列

-195-

10.6.5 删除路径

要删除图像文件中不需要的路径，可以通过【路径选择】工具选择该路径，然后直接按 Delete 键删除。要删除整个路径层中的路径，可以在【路径】面板中选择该路径层，再拖动其至【删除当前路径】按钮上释放鼠标即可，如图 10-73 所示。用户也可以通过选择【路径】面板的控制菜单中的【删除路径】命令实现此项操作。

图 10-73　删除路径

10.7　上机练习

本章的上机练习制通过制作 CD 包装设计的综合实例，使用户更好地掌握本章所学路径创建、编辑的基本操作方法和技巧。

(1) 选择【文件】|【新建】命令打开【新建】对话框。在该对话框的【名称】文本框中输入"CD 封套"，在【预设】下拉列表中选择【国际标准纸张】选项，在【大小】下拉列表中选择 A4 选项，设置【分辨率】为 300 像素/英寸，然后单击【确定】按钮新建文档，如图 10-74 所示。

(2) 选择【图像】|【图像旋转】|【90 度(顺时针)】命令旋转画布图像，并按 Ctrl+R 键显示标尺。将光标放置在标尺上，按住 Shift 键单击并按住拖动创建参考线，如图 10-75 所示。

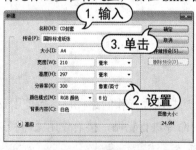

图 10-74　新建文档　　　　　　　　　图 10-75　创建参考线

(3) 选择【矩形选框】工具，在选项栏中单击【样式】选项选择【固定大小】选项，分别在【宽度】和【高度】数值框中右击鼠标，在弹出的菜单中均选择【毫米】选项，并设置为 120 毫米，然后按住 Alt+Shift 键单击画布中左侧垂直参考线和水平参考线的交叉点，如图 10-76 所示。

(4) 选择【文件】|【打开】命令，打开 CD 素材图像。按 Ctrl+A 键全选图像，按 Ctrl+C 键复制图像，如图 10-77 所示。

(5) 返回创建的 CD 封套图像文件，选择【编辑】|【选择性粘贴】|【贴入】命令，将复制的图像贴入到选区中，并按 Ctrl+T 键应用【自由变换】命令调整图像大小，如图 10-78 所示。

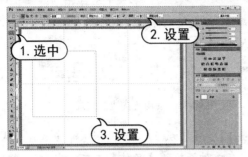

图 10-76　创建选区

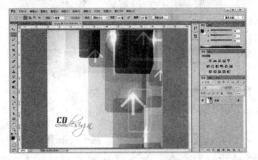

图 10-77　复制图像

(6) 在【图层】面板中，选中【背景】图层，单击【创建新图层】按钮新建【图层 2】图层。选择【椭圆选框】工具，在选项栏中设置【羽化】为 30 像素，然后在图像中拖动创建选区，并按 Alt+Delete 键填充选区，如图 10-79 所示。

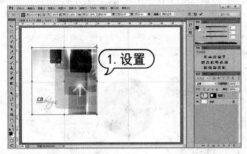

图 10-78　贴入图像

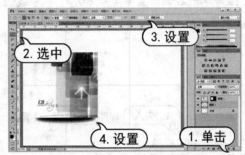

图 10-79　创建、填充选区

(7) 按 Ctrl+D 键取消选区，并选择【移动】工具调整椭圆形位置，如图 10-80 所示。

(8) 按 Ctrl+J 键复制【图层 2】，生成【图层 2 拷贝】图层。按 Ctrl+T 键应用【自由变换】命令旋转移动图像，如图 10-81 所示。

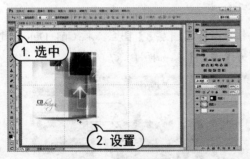

图 10-80　调整图像

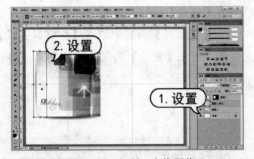

图 10-81　复制、变换图像

(9) 按 Ctrl+J 键生成【图层 2 拷贝 2】图层，并按 Shift 键移动图像，如图 10-82 所示。

(10) 在【图层】面板中双击【图层 1】图层，打开【图层样式】对话框。在该对话框中，选中【描边】样式，设置【大小】为 6 像素，颜色为白色，然后单击【确定】按钮，如图 10-83 所示。

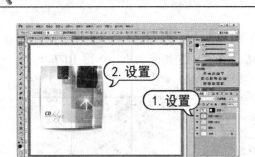

图 10-82　复制图像

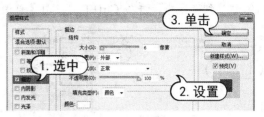

图 10-83　应用【描边】样式

(11) 在【图层】面板中，按住 Shift 键选中【图层 1】至【图层 2】，在面板菜单中选择【从图层新建组】命令，打开【从图层新建组】对话框。在该对话框的【名称】文本框中输入"封面"，在【颜色】下拉列表中选择【红色】选项，然后单击【确定】按钮，如图 10-84 所示。

(12) 选择【椭圆】工具，在选项栏中单击【设置形状填充类型】图标，在弹出面板中单击【拾色器】图标打开【拾色器】对话框，在其中设置颜色为 RGB=51、51、51，然后使用工具在文档窗口中右侧垂直参考线和水平参考线的交叉点单击并按 Alt+Shift 键拖动绘制形状，如图 10-85 所示。

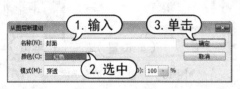

图 10-84　新建组

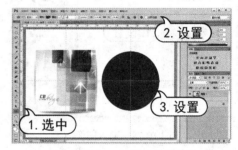

图 10-85　绘制图形

(13) 在【图层】面板中，按 Ctrl 键单击【椭圆 1】图层缩览图载入选区。选择【选择】|【修改】|【收缩】命令，打开【收缩选区】对话框。在该对话框中，设置【收缩量】为 5 像素，然后单击【确定】按钮，如图 10-86 所示。

(14) 在【图层】面板中单击【创建新图层】按钮，新建【图层 3】图层。按 Ctrl+Delete 键填充白色，并在【图层】面板中设置图层混合模式为【柔光】，如图 10-87 所示。

图 10-86　调整选区

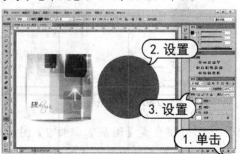

图 10-87　设置图层

(15) 选择【选择】|【修改】|【收缩】命令，打开【收缩选区】对话框。在该对话框中，设置【收缩量】为 20 像素，然后单击【确定】按钮，如图 10-88 所示。

(16) 选中 CD 素材图像，按 Ctrl+C 键复制图像。返回创建的 CD 封套图像文件，选择【编辑】|【选择性粘贴】|【贴入】命令，将复制的图像贴入到选区中，并按 Ctrl+T 键应用【自由变换】命令调整图像大小，如图 10-89 所示。

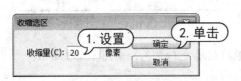

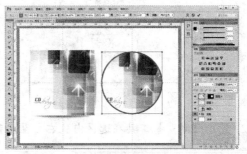

图 10-88 调整选区　　　　　　　　　　　　图 10-89 贴入图像

(17) 在【图层】面板中选中【图层 3】图层，并按 Ctrl+J 键复制图层。将生成的【图层 3 拷贝】图层拖动至图层最上层，然后按 Ctrl+T 键应用【自由变换】命令调整图像大小，如图 10-90 所示。

(18) 按 Ctrl 键单击【图层 3 拷贝】图层缩览图载入选区，选择【选择】|【修改】|【收缩】命令，打开【收缩选区】对话框。在该对话框中，设置【收缩量】为 20 像素，然后单击【确定】按钮，如图 10-91 所示。

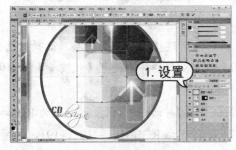

图 10-90 调整图像　　　　　　　　　　　　图 10-91 调整选区

(19) 在【图层】面板中单击【创建新图层】按钮，新建【图层 5】图层。选择【渐变】工具，在选项栏中单击【径向渐变】按钮，再单击编辑渐变，在弹出的【渐变编辑器】对话框中，设置渐变色为 RGB=242、242、242 至 RGB=153、153、153，然后单击【确定】按钮。使用【渐变】工具在选区内从中心向外拖动填充渐变色，如图 10-92 所示。

(20) 在【图层】面板中单击【创建新图层】按钮，新建【图层 6】图层。选择【选择】|【修改】|【收缩】命令，打开【收缩选区】对话框。在该对话框中，设置【收缩量】为 15 像素，然后单击【确定】按钮，如图 10-93 所示。

(21) 在选项栏中单击【线性渐变】按钮，再单击编辑渐变，在弹出的【渐变编辑器】对话框中，设置渐变色为 RGB=255、255、255 至 RGB=148、148、148 至 RGB=142、142、142 至

RGB=255、255、255 至 RGB=115、115、115，然后单击【确定】按钮应用填充，如图 10-94 所示。

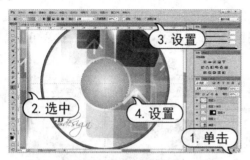

图 10-92　调整图像　　　　　　　　　　　　　　图 10-93　调整选区

(22) 使用【渐变】工具在选区内从右上至左下拖动填充渐变色，如图 10-95 所示。

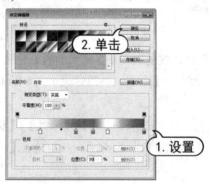

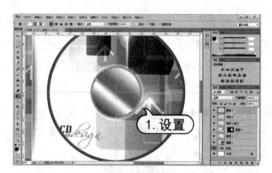

图 10-94　设置渐变　　　　　　　　　　　　　图 10-95　使用【渐变】工具

(23) 在【图层】面板中单击【创建新图层】按钮，新建【图层 7】图层。选择【选择】|【修改】|【收缩】命令，打开【收缩选区】对话框。在该对话框中，设置【收缩量】为 6 像素，然后单击【确定】按钮，如图 10-96 所示。

(24) 在选项栏中单击编辑渐变，在弹出的【渐变编辑器】对话框中，设置渐变色为 RGB=255、255、255 至 RGB=168、168、168 至 RGB=255、255、255 至 RGB=191、191、191，然后单击【确定】按钮，如图 10-97 所示。

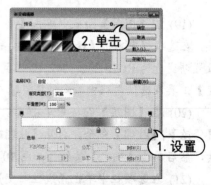

图 10-96　调整选区　　　　　　　　　　　　　图 10-97　调整渐变

（25）使用【渐变】工具在选区内从左上至右下拖动填充渐变色，并按 Ctrl+D 键取消选区，如图 10-98 所示。

（26）选择【椭圆】工具拖动绘制图形，在展开的【属性】面板中单击【设置形状填充类型】图标，在弹出的面板中单击【渐变】图标，设置渐变色为 RGB=255、255、255 至 RGB=0、0、0 至 RGB=191、191、191，设置角度为 113 度，【缩放】为 95%，如图 10-99 所示。

图 10-98　使用【渐变】工具

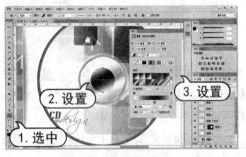

图 10-99　绘制图形

（27）按 Ctrl 键单击【椭圆 2】图层缩览图载入选区，选择【选择】|【修改】|【收缩】命令，打开【收缩选区】对话框。在该对话框中，设置【收缩量】为 10 像素，然后单击【确定】按钮，如图 10-100 所示。

（28）在【图层】面板中单击【创建新图层】按钮，新建【图层 8】图层。在【颜色】面板中设置填充色为 RGB=79、79、79，然后按 Alt+Delete 键填充选区，按 Ctrl+D 键取消选区，如图 10-101 所示。

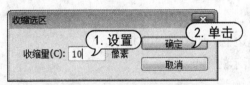

图 10-100　调整选区

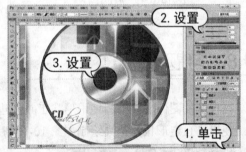

图 10-101　填充选区

（29）在工具箱中，单击【默认前景色和背景色】图标。在【图层】面板中，选中【封面】图层组，单击【创建新图层】按钮新建【图层 9】图层。选择【椭圆选框】工具，在选项栏中设置【羽化】为 50 像素，然后在图像中拖动创建选区，并按 Alt+Delete 键填充选区，如图 10-102 所示。

（30）按 Ctrl+D 键取消选区，按 Ctrl+T 键应用【自由变换】命令调整图像大小，如图 10-103 所示。

（31）在【图层】面板中选中【图层 9】至【图层 8】图层，在面板菜单中选择【从图层新建组】命令，打开【从图层新建组】对话框。在该对话框的【名称】文本框中输入"盘面"，在【颜色】下拉列表中选择【绿色】，然后单击【确定】按钮，如图 10-104 所示。

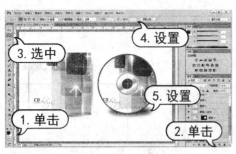

图 10-102　创建图形

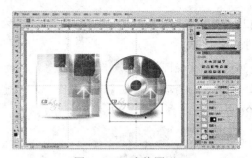

图 10-103　变换图形

(32) 在【图层】面板中，按 Alt 键双击【背景】图层。选择【渐变】工具，在选项栏中单击【径向渐变】按钮，再单击编辑渐变，在弹出的【渐变编辑器】对话框中，设置渐变色为 RGB=179、179、179 至 RGB=8、8、8，然后单击【确定】按钮。使用【渐变】工具在图像内从中心向外拖动填充渐变色，如图 10-105 所示。

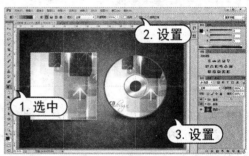

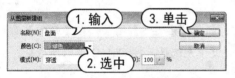

图 10-104　新建组

图 10-105　应用渐变

10.8　习题

1. 在打开的图像文件中，使用形状工具创建边框，如图 10-106 所示。
2. 使用【自定形状】工具绘制如图 10-107 所示的图形。

图 10-106　完成效果

图 10-107　完成效果

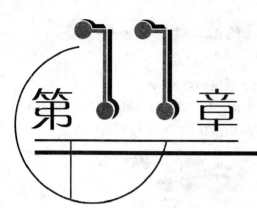

第11章

文字工具的应用

学习目标

文字在设计作品中起着解释说明的作用。Photoshop 为用户提供了输入、编辑文字的功能。本章介绍了创建文字、设置文字属性等操作方法，使用户在设计作品过程中更加轻松自如地应用文字。

本章重点

- ◉ 认识文字工具
- ◉ 创建不同形式的文字
- ◉ 设置文本对象
- ◉ 转换文字图层

11.1 认识文字工具

Photoshop 提供了 4 种创建文字的工具。【横排文字】工具和【直排文字】工具主要用来创建点文字、段落文字和路径文字；【横排文字蒙版】工具和【直排文字蒙版】工具主要用来创建文字选区。

11.1.1 文字工具

在 Photoshop 中，【横排文字】工具可以用来输入横向排列的文字；【直排文字】工具可以用来输入竖向排列的文字。

两种文字工具选项栏参数相同，选择文字工具后，可以在如图 11-1 所示的选项栏中设置字体的系列、样式、大小、颜色和对齐方式等。

图 11-1　文字工具选项栏

- 【设置字体】：在该下拉列表中可以选择字体，如图 11-2 所示。
- 【设置字体样式】：可以为字符设置样式，包括 Regular(规则的)、Italic(斜体)、Bold(粗体)以及 Bold Italic(粗斜体)，该选项只对英文字体有效，如图 11-3 所示。

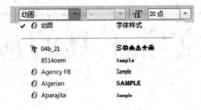

图 11-2　设置字体

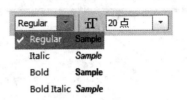

图 11-3　设置字体样式

- 【设置字体大小】：可以选择字体的大小，或直接输入数值进行设置，如图 11-4 所示。
- 【设置取消锯齿的方法】：可为文字选择消除锯齿方法，Photoshop 会通过部分的填充边缘像素来产生边缘平滑的文字。其下拉列表中有【无】、【锐化】、【犀利】、【浑厚】和【平滑】5 种选项供用户选择，如图 11-5 所示。

图 11-4　设置字体大小

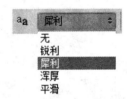

图 11-5　设置取消锯齿的方法

- 【设置文本对齐】：在该选项区域中，可以设置文本对齐的方式，包括【左对齐文本】按钮、【居中对齐文本】按钮和【右对齐文本】按钮。
- 【切换文本取向】按钮：单击该按钮可以更改当前文本的排列方向。如果当前文本为横排文字，单击该按钮，可以将其转换为直排文字。
- 【设置文本颜色】：单击该按钮，可以打开【拾色器】对话框以设置创建文字的颜色。默认情况下，Photoshop 使用前景色作为创建的文字颜色。
- 【创建文字变形】按钮：单击该按钮，可以打开【变形文字】对话框。用户可以通过该对话框设置文字的变形样式。
- 【切换字符和段落面板】按钮：单击该按钮，可以打开或隐藏【字符】面板和【段落】面板。

【例 11-1】在图像文件中，创建文字并修改文字效果.

(1) 选择【文件】|【打开】命令打开素材图像，如图 11-6 所示。

(2) 选择【直排文字】工具，在图像中单击输入文字内容，并按 Ctrl+Enter 键结束输入，如图 11-7 所示。

图 11-6 打开图像文件

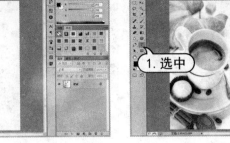

图 11-7 输入文字

(3) 在工具选项栏中，打开【设置字体系列】下拉列表，选择 Times New Roman 字体；在【设置字体大小】文本框中输入 105 点；单击【设置文本颜色】色块，在弹出的【拾色器】对话框中，设置颜色为 RGB=212、67、0，如图 11-8 所示。

图 11-8 设置文字效果

(4) 使用步骤(2)至步骤(3)的操作输入其他文字，并在选项栏中设置字体系列为 Swis721 Cn BT，单击【右对齐文本】按钮，设置文本颜色为 RGB=211、56、0，如图 11-9 所示。

图 11-9 输入并设置文字

> **提示**
>
> 在文本输入状态下，连续单击鼠标 3 次可以选择一行文字，连续单击鼠标 4 次可以选择整个段落，按下 Ctrl+A 键则可以选择全部的文本。

11.1.2 文字蒙版工具

使用文字蒙版工具可以创建文字选区，包括【横排文字蒙版】工具和【直排文字蒙版】工具。使用文字蒙版工具输入文字后，文字将以选区的形式出现。在文字选区中，可以填充前景色、背景色、渐变色、图案甚至贴入图像等。

【例 11-2】使用文字蒙版工具制作照片水印。

(1) 选择【文件】|【打开】命令打开素材图像，如图 11-10 所示。

(2) 选择【横排文字蒙版】工具，在选项栏中设置字体系列为 Arial，字体大小为 100 点，然后使用【横排文字蒙版】工具在图像中单击输入文字内容，输入结束后按 Ctrl+Enter 键完成当前操作，如图 11-11 所示。

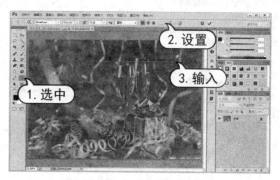

图 11-10 打开图像文件　　　　　　　　　　图 11-11　输入文字

(3) 调整文字选区位置，并按 Ctrl+J 键复制选区内图像，生成【图层 1】图层，并设置图层混合模式为【颜色减淡】，如图 11-12 所示。

(4) 双击【图层 1】图层，打开【图层样式】对话框。在该对话框中选中【内发光】样式，设置【阻塞】为 10%，【大小】为 8 像素，如图 11-13 所示。

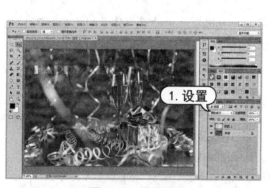
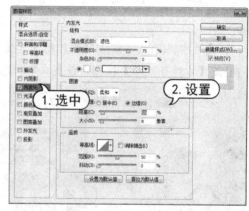

图 11-12　设置图层　　　　　　　　　　图 11-13　应用【内发光】样式

(5) 选中【投影】样式，设置【距离】为 5 像素，【大小】为 5 像素，然后单击【确定】按钮应用，如图 11-14 所示。

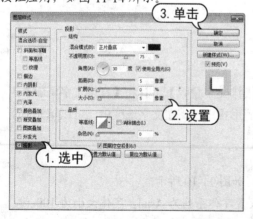

图 11-14　应用【投影】样式

11.2 创建不同形式的文字

在 Photoshop 中，使用文字工具创建的文字可以分为点文字、段落文字、路径文字和变形文字。

11.2.1 点文字和段落文字

点文字是一个水平或垂直的文本行，每行文字都是独立的，如图 11-15 所示。行的长度随着文字的输入而不断增加，不会进行自动换行，需要手动按 Enter 键换行。在处理标题等字数较少的文字时，可以通过点文字来完成。

段落文字是在文本框内输入的文字，它具有自动换行、可以调整文字区域大小等优势，如图 11-16 所示，常用于大量文字的文本排版中。

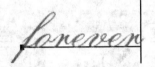

图 11-15 点文字

图 11-16 段落文字

 知识点

在单击并拖动鼠标创建文本框时，如果同时按住 Alt 键，会弹出如图 11-17 所示的【段落文字大小】对话框。在该对话框中分别输入【宽度】和【高度】数值，可以精确定义文本框的大小。

图 11-17 【段落文字大小】对话框

11.2.2 路径文字

路径文字是指创建在路径上的文字，文字会沿着路径排列。改变路径形状时，文字的排列方式也会随之改变。在 Photoshop 中可以添加两种路径文字，一种是沿路径排列的文字，一种是路径内部的文字。

要沿路径创建文字，需要先在图像中创建路径，然后选择文字工具，将光标置于路径上，当其显示为↕时单击，即可在路径上显示文字插入点，从而可以沿路径创建文字，如图 11-18 所示。

用于排列文字的路径可以是闭合的，也可以是开放的。在路径上输入水平文字时，字母与基线垂直。在路径上输入垂直文字时，文本的方位与基线平行。用户也可以移动路径或改变路径的形状，此时文字就会遵循新的路径方向或形状排列。

计算机 基础与实训教材系列

要在路径内创建路径文字，首先需要在图像文件窗口中创建闭合路径，然后选择工具箱中的文字工具，移动光标至闭合路径中，当光标显示为时单击，即可在路径区域中显示文字插入点，从而可以在路径闭合区域中创建文字内容，如图 11-19 所示。

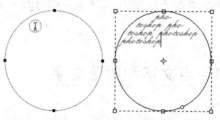

图 11-18　沿路径创建文字　　　　　图 11-19　创建路径内文字

【例 11-3】在图像文件中，创建路径文字。

(1) 选择【文件】|【打开】命令，打开素材图像，如图 11-20 所示。

(2) 选择【钢笔】工具，并在选项栏中设置绘图模式为【路径】选项，然后在图像文件中创建路径，如图 11-21 所示。

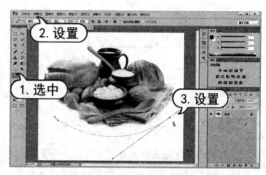

图 11-20　打开图像文件　　　　　　图 11-21　创建路径

(3) 选择【横排文字】工具，在选项栏中设置字体系列为"方正胖娃_GBK"，字体大小为 125 点，字体颜色为 RGB=111、48、7。然后使用【横排文字】工具在路径上单击并输入文字内容。输入结束后按 Ctrl+Enter 键完成当前操作，如图 11-22 所示。

(4) 选择【移动】工具调整输入文字位置，然后双击文字图层，打开【图层样式】对话框。在该对话框中，选中【内阴影】样式，设置【距离】为 5 像素，【大小】为 5 像素，如图 11-23 所示。

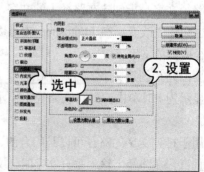

图 11-22　输入文字　　　　　　　　图 11-23　应用【内阴影】样式

(5) 设置完成后，单击【确定】按钮关闭【图层样式】对话框，完成文字效果编辑，如图 11-24 所示。

图 11-24 完成效果

提示

要调整所创建文字在路径上的位置，在工具箱中选择【直接选择】工具或【路径选择】工具，然后移动光标至文字上，当其显示为▸或꘠时按下鼠标，沿着路径方向拖移文字即可。在拖移文字过程中，还可以拖动文字至路径的内侧或外侧。

11.2.3 变形文字

在 Photoshop 中，可以对文字对象进行变形操作，通过这些变形操作可以在不栅格化文字图层的情况下制作出多种变形文字。

输入文字对象后，单击工具选项栏中的【创建文字变形】按钮 ，可以打开如图 11-25 所示的【变形文字】对话框。在该对话框中的【样式】下拉列表中选择一种变形样式即可设置文字的变形效果。

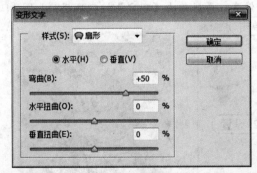

图 11-25 【变形文字】对话框

- ⊙ 【样式】：在此下拉列表中可以选择一个变形样式。
- ⊙ 【水平】和【垂直】单选按钮：选中【水平】单选按钮，可以将变形效果设置为水平方向；选中【垂直】单选按钮，可以将变形设置为垂直方向。
- ⊙ 【弯曲】：可以调整对图层应用的变形程度。
- ⊙ 【水平扭曲】和【垂直扭曲】：拖动【水平扭曲】和【垂直扭曲】的滑块，或输入数值，可以变形应用透视。

【例11-4】在图像文件中，创建变形文字。

(1) 选择【文件】|【打开】命令，打开素材图像。选择【横排文字】工具，在工具选项栏中设置字体系列为 "Exotc350 Bd BT"，字体大小为40点，单击【居中对齐文本】按钮，设置字体颜色为白色，然后使用文字工具在图像中单击并输入文字内容，输入结束后按 Ctrl+Enter 键完成当前操作，如图 11-26 所示。

(2) 在选项栏中单击【创建文字变形】按钮 ，打开【变形文字】对话框。在该对话框的【样式】下拉列表中选择【上弧】选项，设置【弯曲】为39%，【垂直扭曲】为-44%，然后单击【确定】按钮，如图 11-27 所示。

图 11-26　输入文字

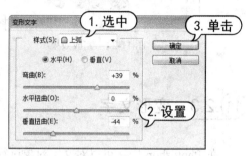

图 11-27　变形文字

(3) 选择【移动】工具调整文字位置，双击文字图层打开【图层样式】对话框。在该对话框中，选中【投影】样式，然后单击【设置阴影颜色】色块，在弹出的【拾色器】对话框中设置阴影颜色为 RGB=255、84、0，设置【不透明度】为100%、【角度】为90度、【距离】为9像素、【扩展】为15%、【大小】为25像素，最后单击【确定】按钮应用，如图 11-28 所示。

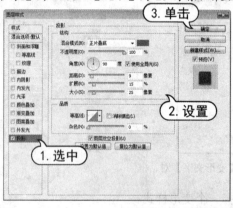

图 11-28　应用【投影】样式

11.3　设置文本对象

在 Photoshop 中创建文本对象后，可以对文字的样式、大小、颜色以及行距等参数进行设置，还可以设置文本对象的排版。

11.3.1 修改文本属性

【字符】面板用于设置文字的基本属性，如设置文字的字体、字号、字符间距及文字颜色等。选择任意一个文字工具，单击选项栏中的【显示/隐藏字符和段落面板】按钮，或者选择【窗口】|【字符】命令均可打开如图 11-29 所示的【字符】面板，通过设置面板选项即可设置文字属性。

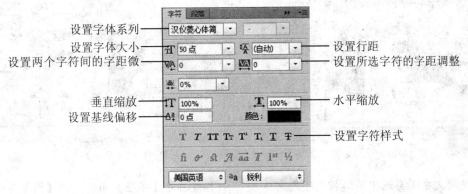

图 11-29 【字符】面板

- 【设置字体系列】下拉列表：该选项用于设置文字的字体样式。
- 【设置字体大小】下拉列表：该选项用于设置文字的字符大小。
- 【设置行距】下拉列表：该选项用于设置文本对象中两行文字之间的间隔距离。设置该选项的数值时，可以通过其下拉列表框选择预设的数值，也可以在文本框中自定义数值，还可以选择下拉列表框中的【自动】选项，根据创建文本对象的字体大小自动设置适当的行距数值。
- 【垂直缩放】文本框和【水平缩放】文本框：用于设置文字的垂直和水平缩放比例。
- 【设置所选字符的字距调整】选项：该选项用于设置两个字符的间距。用户可以在其下拉列表框中选择 Photoshop 预设的参数数值，也可以在其文本框中直接输入所需的参数数值。
- 【设置两个字符之间的字距微调】选项：该选项用于微调光标位置前文字本身的字体间距。与【设置所选字符的字距调整】选项不同的是，该选项只能设置光标位置前的文字字距。用户可以在其下拉列表框中选择 Photoshop 预设的参数数值，也可以在其文本框中直接输入所需的参数数值。需要注意的是，该选项只能在未选择文字的情况下为可设置状态。
- 【设置基线偏移】文本框：该文本框用于设置选择文字的向上或向下偏移数值。设置该选项参数后，不会影响整体文本对象的排列方向。
- 【字符样式】选项区域：在该选项区域中，通过单击不同的文字样式按钮，可以设置文字为仿粗体、仿斜体、全部大写字母、小型大写字母、上标、下标、下划线、删除线等样式的文字。

中文版 **Photoshop CC** 图像处理实用教程

【例 11-5】在图像文件中，制作文字效果。

(1) 选择【文件】|【打开】命令打开素材图像。选择工具箱中的【横排文字】工具在图像文件中单击，然后输入文字内容，如图 11-30 所示。

(2) 使用【横排文字】工具选中第一排文字，在选项栏中设置字体系列为"Bodoni MT"，字体颜色为 RGB=39、106、53，如图 11-31 所示。

图 11-30　输入文字　　　　　　　　　　　图 11-31　设置文字

(3) 使用文字工具选中第二排文字内容，按 Ctrl+T 键打开【字符】面板。在【设置字体系列】下拉列表中选择"Lucida Handwriting"，设置【设置字体大小】为 90 点，【设置行距】为 95 点，字体颜色为 RGB=191、14、24，如图 11-32 所示。

(4) 按 Ctrl+Enter 键结束文字编辑，然后选择【移动】工具调整文字位置。双击文字图层，打开【图层样式】对话框。在该对话框中，选中【描边】样式，设置【大小】为 2 像素，颜色为白色，如图 11-33 所示。

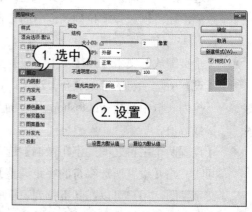

图 11-32　设置文字　　　　　　　　　　　图 11-33　应用【描边】样式

(5) 选中【投影】样式，设置【距离】为 5 像素，【大小】为 5 像素，然后单击【确定】按钮应用图层样式，如图 11-34 所示。

-212-

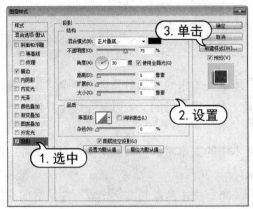

图 11-34 应用【投影】样式

⑪.3.2 编辑段落文本

【段落】面板用于设置段落文本的编排方式，如设置段落文本的对齐方式、缩进值等。单击选项栏中的【显示/隐藏字符和段落面板】按钮，或者选择【窗口】|【段落】命令都可以打开如图 11-35 所示的【段落】面板，通过在其中设置选项即可设置段落文本的属性。

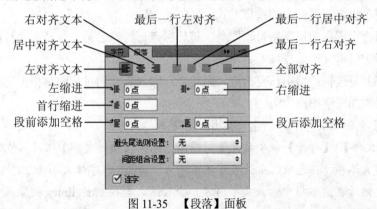

图 11-35 【段落】面板

- ⊙ 【左对齐文本】按钮：单击该按钮，创建的文字会以整个文本对象的左边为界，强制进行文本左对齐。左对齐文本为段落文本的默认对齐方式。
- ⊙ 【居中对齐文本】按钮：单击该按钮，创建的文字会以整个文本对象的中心线为界，强制进行文本居中对齐。
- ⊙ 【右对齐文本】按钮：单击该按钮，创建的文字会以整个文本对象的右边为界，强制进行文本右对齐。
- ⊙ 【最后一行左对齐】按钮：单击该按钮，段落文本中的文本对象会以整个文本对象的左右两边为界强制对齐，同时将处于段落文本最后一行的文本以其左边为界进行强制左对齐。该对齐方式为段落对齐时较常使用的对齐方式。

计算机 基础与实训教材系列

- 【最后一行居中对齐】按钮：单击该按钮，段落文本中的文本对象会以整个文本对象的左右两边为界强制对齐，同时将处于段落文本最后一行的文本以其中心线为界进行强制居中对齐。

- 【最后一行右对齐】按钮：单击该按钮，段落文本中的文本对象会以整个文本对象的左右两边为界强制对齐，同时将处于段落文本最后一行的文本以其左边为界进行强制右对齐。

- 【全部对齐】按钮：单击该按钮，段落文本中的文本对象会以整个文本对象的左右两边为界，强制对齐段落中的所有文本对象。

- 【左缩进】文本框：用于设置段落文本中，每行文本两端与文字定界框左边界向右的间隔距离，或上边界(对于直排格式的文字)向下的间隔距离。

- 【右缩进】文本框：用于设置段落文本中，每行文本两端与文字定界框右边界向左的间隔距离，或下边界(对于直排格式的文字)向上的间隔距离。

- 【首行缩进】文本框：用于设置段落文本中，第一行文本与文字定界框左边界向右，或上边界(对于直排格式的文字)向下的间隔距离。

- 【段前添加空格】文本框：用于设置当前段落与其前面段落的间隔距离。

- 【段后添加空格】文本框：用于设置当前段落与其后面段落的间隔距离。

- 避头尾法则设置：不能出现在一行的开头或结尾的字符称为避头尾字符。而避头尾法则是用于指定亚洲文本的换行方式。

- 间距组合设置：为日语字符、罗马字符、标点、特殊字符、行开头、行结尾和数字的间距指定日语文本编排。

- 【连字】复选框：启用该复选框，系统会在输入英文词过程中，根据文字定界框自动换行时添加连字符。

【例 11-6】在图像文件中，创建并编辑段落文本。

(1) 选择【文件】|【打开】命令打开素材图像。选择【横排文字】工具，在图像文件中按住鼠标拖动创建文本框。在选项栏中设置字体系列为"幼圆"，字体大小为 20 点，字体颜色为 212、151、21，然后在文本框中输入文字内容。输入结束后按 Ctrl+Enter 键完成当前操作，如图 11-36 所示。

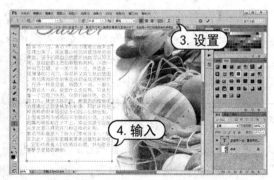

图 11-36　输入文字

(2) 打开【段落】面板，单击【最后一行左对齐】按钮，设置【左缩进】和【右缩进】均为 15 点，【首行缩进】为 40 点，【避头尾法则设置】为【JIS 严格】，在【间距组合设置】下拉列表中选择【间距组合 1】选项，如图 11-37 所示。

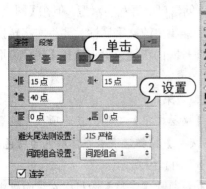

图 11-37　设置段落格式

11.4　转换文字图层

在 Photoshop 中，文字图层作为特殊的矢量对象，不能够像普通图层一样进行编辑操作。因此，需要在编辑、处理文字时将文字图层进行转换。

11.4.1　将文字图层转换为普通图层

在 Photoshop 中，用户不能对文本图层中创建的文字对象使用描绘工具或【滤镜】命令等工具和命令。要使用这些命令和工具，必须首先栅格化文字。栅格化表示将文字图层转换为普通图层，并使其内容成为不可编辑的文本图像图层。

要转换文本图层为普通图层，只需在【图层】面板中选择所需操作的文本图层，然后选择【图层】|【栅格化】|【文字】命令即可。用户也可在【图层】面板中所需操作的文本图层上右击，在打开的快捷菜单中选择【栅格化文字】命令，以此转换图层类型，如图 11-38 所示。

图 11-38　栅格化文字

⑪.4.2　将文字转换为形状

Photoshop 还提供了转换文字为形状的功能。使用该功能文字图层就由包含基于矢量蒙版的图层替换。用户可用路径选择工具对文字路径进行调节，创建自己喜欢的字型。但在【图层】面板中的文字图层失去了文字的一般属性，即无法在图层中编辑更改文字属性。要将文字转换为形状，在【图层】面板中所需操作的文本图层上右击，在打开的快捷菜单中选择【转换为形状】命令即可。

【例 11-7】在图像文件中，将文字转换为形状，并调整效果。

(1) 选择【文件】|【打开】命令打开素材图像。选择【横排文字】工具，在选项栏中设置字体系列为 Bauhaus 93，字体大小为 65 点，单击【右对齐文本】按钮，设置字体颜色为白色，然后使用【横排文字】工具在图像中单击输入文字内容，如图 11-39 所示。

(2) 使用【横排文字】工具选中第二排文字，按 Ctrl+T 键打开【字符】面板。在该面板中设置字体大小为 105 点，【垂直缩放】为 115%，如图 11-40 所示。

图 11-39　输入文字

图 11-40　设置文字

(3) 设置结束后按 Ctrl+Enter 键完成当前操作，在【图层】面板中的文字图层上单击鼠标右键，在弹出的菜单中选择【转换为形状】命令，如图 11-41 所示。

图 11-41　转换为形状

(4) 选择【直接选择】工具调整文字形状，如图 11-42 所示。

(5) 在选项栏中单击【设置形状填充类型】图标，在弹出的下拉面板中单击【渐变】图标，并单击"橙，黄，橙渐变"，如图 11-43 所示。

图 11-42　调整文字形状

图 11-43　设置填充

(6) 双击文字图层，打开【图层样式】对话框。在该对话框中，选中【投影】样式，设置【扩展】为 15%，如图 11-44 所示。

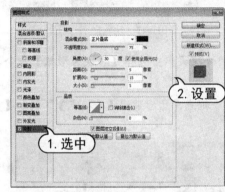

图 11-44　应用【投影】样式

(7) 选中【外发光】样式，设置【混合模式】为【实色混合】，【大小】为 59 像素，然后单击【确定】按钮，如图 11-45 所示。

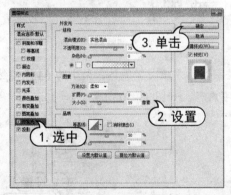

图 11-45　应用【外发光】样式

⑪.5　上机练习

本章的上机练习通过制作文字效果的综合实例操作，使用户通过练习从而巩固本章所学的文字创建、编辑方法及技巧。

(1) 选择【文件】|【打开】命令，打开一幅图像文件，如图 11-46 所示。

(2) 选择【横排文字】工具，在工具选项栏中设置字体为 Impact，然后在图像中单击输入文字内容，并按 Ctrl+Enter 键结束输入。按 Ctrl+T 键调整文字大小及位置，如图 11-47 所示。

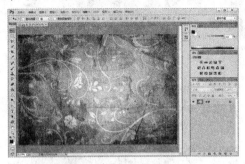
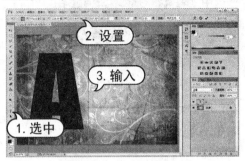

图 11-46　打开图像文件　　　　　　　　　图 11-47　输入文字

(3) 在【图层】面板中，右击文字图层，在弹出的快捷菜单中选择【转换为形状】命令，将文字转换为形状，如图 11-48 所示。

(4) 选择【添加锚点】工具，在右侧路径上添加 4 个锚点，然后使用【转换点】工具和【直接选择】工具调整路径形状，如图 11-49 所示。

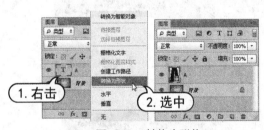
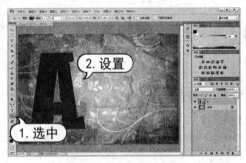

图 11-48　转换为形状　　　　　　　　　图 11-49　调整路径

(5) 选择【横排文字】工具，在其选项栏中设置字体为方正大黑简体，大小为 64 点，然后使用文字工具在文档中拖动创建文本框，并输入文字内容，如图 11-50 所示。

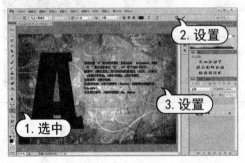

图 11-50　输入段落文本　　　　　　　　图 11-51　设置段落

(6) 按 Ctrl+A 键全选段落，在【段落】面板中设置【段后添加空格】为 20 点，在【避头尾法则设置】下拉列表中选择【JIS 严格】，如图 11-51 所示。

(7) 将光标置于段落文本的文本框角点上，当光标显示为曲线双向箭头时旋转文本框，然后选择【移动】工具调整段落文本位置，如图 11-52 所示。

(8) 在【图层】面板中，按住文本图层，将其拖动到【创建新图层】按钮上释放鼠标复制图层，再复制一层，并选中两个文字图层，选择【图层】|【栅格化】|【文字】命令栅格化图层，如图 11-53 所示。

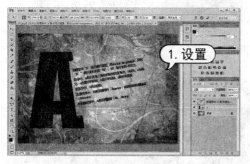

图 11-52 调整文本框

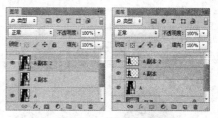

图 11-53 栅格化文字

(9) 选中【A 副本】文本图层，选择【滤镜】|【模糊】|【动感模糊】命令，打开【动感模糊】对话框。在该对话框中，设置【角度】为 90 度，【距离】为 435 像素，然后单击【确定】按钮，如图 11-54 所示。

(10) 选中【A 副本 2】文本图层，选择【滤镜】|【模糊】|【高斯模糊】命令，打开【高斯模糊】对话框。在该对话框中，设置【半径】为 70 像素，然后单击【确定】按钮。【图层】面板中，设置【A 副本 2】文本图层的不透明度为 25%，如图 11-55 所示。

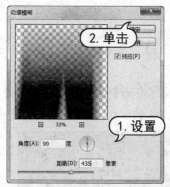

图 11-54 使用【动感模糊】滤镜

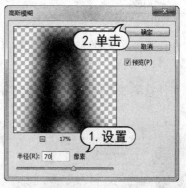

图 11-55 使用【高斯模糊】滤镜

(11) 在【图层】面板中，选择 A 文本图层，将其放置在最上层，并设不透明度为 45%。单击【创建新图层】按钮，新建【图层 1】。选择【滤镜】|【渲染】|【云彩】命令，并设置【图层 1】图层的混合模式为【柔光】，如图 11-56 所示。

(12) 选择【图像】|【调整】|【色阶】命令，打开【色阶】对话框。在该对话框中，设置输入色阶数值为 0、1.19、215，然后单击【确定】按钮应用，如图 11-57 所示。

(13) 选择【背景】图层，单击【调整】面板中的【色彩平衡】图标，然后在【属性】面板中设置色阶为 55、-47、10，如图 11-58 所示。

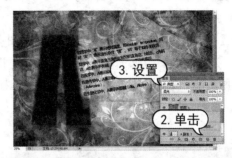

图 11-56　设置图层

图 11-57　使用【色阶】命令

图 11-58　使用【色彩平衡】命令

11.6　习题

1. 打开任意图像文件，输入文字内容，并练习使用【字符】面板调整文字外观，如图 11-59 所示。

2. 打开任意图像文件，输入文字内容，并练习使用【文字变形】命令变形文字效果，如图 11-60 所示。

图 11-59　完成效果

图 11-60　完成效果

第12章

通道与蒙版的应用

学习目标

通道与蒙版在 Photoshop 的图像编辑过程中非常重要。用户可以通过不同的颜色通道，以及图层蒙版、矢量蒙版和剪贴蒙版创建丰富的画面效果。本章主要介绍通道和蒙版的创建与编辑等内容。

本章重点

- ◉ 通道基本操作
- ◉ 通道高级操作
- ◉ 图层蒙版
- ◉ 剪贴蒙版

12.1 了解通道类型

通道是图像文件的一种颜色数据信息存储形式，它与图像文件的颜色模式密切关联，多个分色通道叠加在一起可以组成一幅具有颜色层次的图像。在 Photoshop 中，通道可以分为颜色通道、Alpha 通道和专色通道 3 类，每一类通道都有其不同的功能与操作方法。

- ◉ 【颜色通道】：用于保存图像颜色信息的通道，在打开图像时自动创建。图像所具有的原色通道的数量取决于图像的颜色模式。位图模式及灰度模式的图像有一个原色通道，RGB 模式的图像有 4 个原色通道，CMYK 模式有 5 个原色通道，Lab 模式有 3 个原色通道，HSB 模式的图像有 4 个原色通道。

- ◉ 【Alpha 通道】：用于存放选区信息，其中包括选区的位置、大小和羽化值等。Alpha通道是灰度图像，可以像编辑任何其他图像一样使用绘画工具、编辑工具和滤镜命令对通道效果进行编辑处理。

● 【专色通道】：可以指定用于专色油墨印刷的附加印版。专色是特殊的预混油墨，用于替代或补充印刷色(CMYK)油墨，如金色、银色和荧光色等特殊颜色。印刷时每种专色都要求专用的印版，而专色通道可以把 CMYK 油墨无法呈现的专色指定到专色印版上。

12.2 【通道】面板

在 Photoshop 中，要对通道进行操作，必须使用【通道】面板。选择【窗口】|【通道】命令，即可打开如图 12-1 所示的【通道】面板。【通道】面板将根据当前打开的图像文件的颜色模式显示通道数量。

在【通道】面板中可以通过直接单击通道选择所需通道，也可以按住 Shift 键单击选中多个通道，如图 12-2 所示。所选择的通道会以高亮的方式显示，当用户选择复合通道时，所有分色通道都将以高亮方式显示。

单击【通道】面板右上角的面板菜单按钮，可以打开面板菜单，用户从中可以对通道进行新建、复制、删除和分离等操作，如图 12-3 所示。

图 12-1 【通道】面板

图 12-2 选中多个通道

图 12-3 面板菜单

 提示

> 按下 Ctrl+数字键可以快速选择通道。如图像为 RGB 模式，按下 Ctrl+3 键可以选择红通道，按下 Ctrl+4 键可以选择绿通道，按下 Ctrl+5 键可以选择蓝通道，按下 Ctrl+6 键可以选择蓝通道下面的 Alpha 通道，按下 Ctrl+2 键可以返回到 RGB 复合通道。

此外，【通道】面板中其他按钮的作用如下。

● 【将通道作为选区载入】按钮 ：单击该按钮，可将通道中的图像内容转换为选区。

● 【将选区存储为通道】按钮 ：单击该按钮，可以将当前图像中的选区以图像方式存储在自动创建的 Alpha 通道中。

● 【创建新通道】按钮 ：单击该按钮，可以在【通道】面板中创建一个新通道。

● 【删除当前通道】按钮 ：单击该按钮，可以删除当前用户所选择的通道，但不会删除图像的原色通道。

12.3 通道基础操作

利用【通道】面板可以对通道进行有效的编辑和管理。【通道】面板主要用于创建新通道、复制通道、删除通道、分离通道和合并通道等。在对通道进行操作时，可以对各原色通道进行设置调整，甚至可以单独为某一单色通道添加滤镜效果制作出很多特殊的效果。

12.3.1 创建通道

一般情况下，在 Photoshop 中创建的新通道是保存选择区域信息的 Alpha 通道。单击【通道】面板中的【创建新通道】按钮，即可将选区存储为 Alpha 通道。将选择区域保存为 Alpha 通道时，选择区域被保存为白色，而非选择区域则被保存为黑色。如果选择区域具有不为 0 的羽化值，则此类选择区域中被保存为由灰色柔和过渡的通道。

要创建 Alpha 通道并设置选项时，按住 Alt 键单击【创建新通道】按钮，或选择【通道】面板菜单中的【新建通道】命令，即可打开如图 12-4 所示的【新建通道】对话框。在该对话框中，可以设置所需创建的通道参数选项，然后单击【确定】按钮，创建新通道。

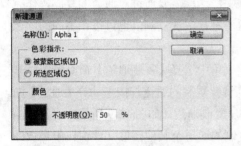

图 12-4 【新建通道】对话框

知识点

【被蒙版区域】：选中该单选按钮，可以使新建的通道中被蒙版区域显示为黑色，选择区域显示为白色。【所选区域】：选中该单选按钮，可以使新建的通道中，被蒙版区域显示为白色，选择区域显示为黑色。

【例 12-1】在图像文件中，新建并编辑专色通道。

(1) 选择【文件】|【打开】命令，打开素材图像。在【通道】面板中，按 Ctrl 键单击【绿色】通道载入选区，并按 Shift+Ctrl+I 键反选选区，如图 12-5 所示。

图 12-5 载入选区

(2) 在【通道】面板菜单中选择【新建专色通道】命令，打开【新建专色通道】对话框。在该对话框中，单击【颜色】色板，在弹出的【拾色器】对话框中设置颜色为 RGB=228、0、255，然后单击【确定】按钮关闭【拾色器】对话框，如图 12-6 所示。

(3) 单击【确定】按钮关闭【新建专色通道】对话框。此时，新建专色通道出现在【通道】面板底部，如图 12-7 所示。

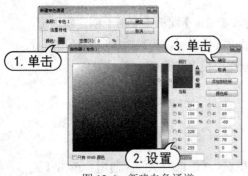

图 12-6　新建专色通道

图 12-7　完成效果

12.3.2　复制和删除通道

在进行图像处理时，有时需要对某一通道进行多个处理，从而获得特殊的视觉效果，或者需要复制图像文件中的某个通道并应用到其他图像文件中，这就需要通过对通道的复制操作完成。在 Photoshop 中，不仅可以对同一图像文件中的通道进行多次复制，也可以在不同的图像文件之间复制任意的通道。

选择【通道】面板中所需复制的通道，然后在面板菜单中选择【复制通道】命令可以打开如图 12-8 所示的【复制通道】对话框复制通道。还可以将要复制的通道直接拖动到【通道】面板底部的【创建新通道】按钮上释放，在图像文件内快速复制通道，如图 12-9 所示。要复制当前图像文件的通道到其他图像文件中，直接拖动需要复制的通道至其他图像文件窗口中释放即可。需要注意的是，在图像之间复制通道时，通道必须具有相同的像素尺寸，并且不能将通道复制到位图模式的图像中。

图 12-8　【复制通道】对话框

图 12-9　复制通道

在存储图像前删除不需要的 Alpha 通道，不仅可以减小图像文件占用的磁盘空间，而且还可以提高图像文件的处理速度。一般可以使用以下两种方法删除通道。

- 选择【通道】面板中需要删除的通道，然后在面板菜单中选择【删除通道】命令。
- 选择【通道】面板中需要删除的通道，然后拖动其至面板底部的【删除当前通道】按钮上释放。

⑫.3.3　分离和合并通道

在 Photoshop 中可以将一幅图像文件的各个通道分离成单个文件分别存储，也可以将多个灰度文件合并为一个多通道的彩色图像，这就需要使用通道的分离和合并操作。使用【通道】面板菜单中的【分离通道】命令可以把一幅图像文件的通道拆分为单独的图像文件，并且原文件被关闭。例如，可以将一个 RGB 颜色模式的图像文件分离为 3 个灰度图像文件，并且根据通道名称分别命名图像文件，如图 12-10 所示。

图 12-10　分离通道

选择【通道】面板扩展菜单中的【合并通道】命令，即可合并分离出的灰度图像文件成为一个图像文件。选择该命令，可以打开【合并通道】对话框，在该对话框中，可以定义合并的采用的颜色模式以及通道数量。默认情况下，使用【多通道】模式即可。设置完成后，单击【确定】按钮，打开一个随颜色模式而定的设置对话框。例如，选择 RGB 模式时，会打开【合并RGB 通道】对话框。用户可在该对话框中进一步设置需要合并的各个通道的图像文件，如图12-11 所示。设置完成后，单击【确定】按钮，设置的多个图像文件将合并为一个图像文件，并且按照设置转换各个图像文件分别为新图像文件中的分色通道。

图 12-11　合并通道

⑫.3.4　存储、载入通道

通道主要用于保存图像的颜色信息，同时也可以很好地存储选区信息以及载入选区。创建通道后，用户可以选择【选择】|【存储选区】命令，也可以在选区上右击以打开快捷菜单，选择其中的【存储选区】命令，打开如图 12-12 所示的【存储选区】对话框。

- 【文档】下拉列表框：在该下拉列表框中，选择【新建】选项，可以创建新的图像文件，并将选区存储为 Alpha 通道保存在该图像文件中；选择当前图像文件名称可以将选区保存在新建的 Alpha 通道中。如果在 Photoshop 中还打开了与当前图像文件具有相同分辨率和尺寸的图像文件，这些图像文件名称也将显示在【文档】下拉列表中，选择它们，系统就会将选区保存到这些图像文件中新创建的 Alpha 通道内。

- 【通道】下拉列表框：在该下拉列表中，可以选择创建的 Alpha 通道，将选区添加到该通道中；也可以选择【新建】选项，创建新通道并为其命名，然后进行保存。

- 【操作】选项区域：用于选择通道处理方式。如果选择新创建的通道，那么只能选中【新建通道】单选按钮；如果选择已经创建的 Alpha 通道，那么还可以选中【添加到通道】、【从通道中减去】和【与通道交叉】3 个单选按钮。

在通道中载入选区的方法常用的有 3 种，按住 Ctrl 键的同时单击缩览图载入选区；单击【将通道作为选区载入】按钮载入选区；或选择【选择】|【载入选区】命令，在图像文件窗口中右击以打开快捷菜单，并且选择其中的【载入选区】命令，打开如图 12-13 所示的【载入选区】对话框。

图 12-12　存储选区　　　　　　　　　　　　　　　图 12-13　载入选区

【例 12-2】在图像文件中，使用存储选区调整图像效果。

(1) 选择【文件】|【打开】命令，打开两幅素材图像，如图 12-14 所示。

图 12-14　打开图像文件

(2) 选中 1.jpg 图像文件，选择【魔棒】工具在图像的黑色区域单击，并选择【选择】|【选取相似】命令创建选区，如图 12-15 所示。

(3) 选择【选择】|【存储选区】命令打开【存储选区】对话框。在该对话框的【文档】下拉列表中选择 2.jpg，在【名称】文本框中输入 Alpha1，然后单击【确定】按钮，如图 12-16 所示。

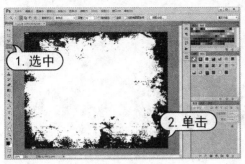

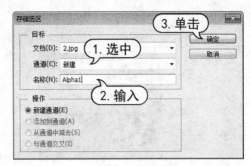

图 12-15　创建选区　　　　　　　　　图 12-16　存储选区

(4) 选中 2.jpg 图像文件，在【通道】面板中按 Ctrl 键并单击 Alpha1 通道载入选区，如图 12-17 所示。

(5) 按 Ctrl+J 键复制选区内图像，并在【图层】面板中，设置【图层 1】混合模式为【划分】，如图 12-18 所示。

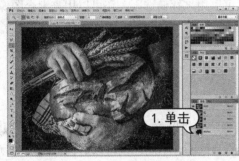

图 12-17　载入选区　　　　　　　　　图 12-18　设置图层

12.3.5　通道和选区的互相转换

如果在当前文档中创建了选区，单击【通道】面板中的【将选区存储为通道】按钮，可以将选区保存到 Alpha 通道中，如图 12-19 所示。

图 12-19　将选区存储为通道

在【通道】面板中，选择要载入选区的 Alpha 通道，单击【将通过作为选区载入】按钮，可将通道中的选区载入到图像中，如图 12-20 所示。按住 Ctrl 键单击 Alpha 通道缩览图可以直接载入通道中的选区。

图 12-20　将通过作为选区载入

⑫.4　通道高级操作

在 Photoshop 中，通道的功能非常强大，不仅可以用来存储选区，还可以用来混合图像、调整图像颜色等。

⑫.4.1　【应用图像】命令

【应用图像】命令用来混合大小相同的两个图像，它可以将一个图像的图层和通道(源)与现用图像(目标)的图层和通道混合。如果两个图像的颜色模式不同，则可以对目标图层的复合通道应用单一通道。选择【图像】|【应用图像】命令，打开如图 12-21 所示的【应用图像】对话框。

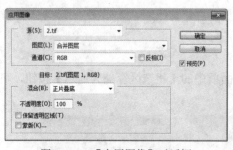

图 12-21　【应用图像】对话框

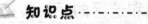

知识点

　　若要为目标图像设置可选取范围，可以选中【蒙版】复选框，将图像的蒙版应用到目标图像。通道、图层透明区域，以及快速遮罩都可以作为蒙版使用。

- ⦿ 【源】选项：下拉列表列出当前所有打开图像的名称，默认设置为当前的活动图像，从中可以选择一个源图像与当前的活动图像相混合。
- ⦿ 【图层】选项：下拉列表用于指定用源文件中的哪一个图层来进行运算。如果没有图层，则只能选择【背景】图层；如果源文件有多个图层，则下拉列表中除包含有源文件的各图层外，还有一个合并的选项，表示选择源文件的所有图层。
- ⦿ 【通道】选项：在该下拉列表中可以指定使用源文件中的哪个通道进行运算。选中【反相】复选框可以将源文件反相后再进行计算。

- 【反相】复选框：选中该复选框，则将【通道】列表框中的蒙版内容进行反相。
- 【混合】选项：下拉列表中选择合成模式进行运算。该下拉列表中增加了【相加】和【减去】两种合成模式，其作用是增加和减少不同通道中像素的亮度值。当选择【相加】或【减去】合成模式时，在下方会出现【缩放】和【补偿值】两个参数，设置不同的数值可以改变像素的亮度值。
- 【不透明度】选项：可以设置运算结果对源文件的影响程度。与【图层】面板中的不透明度作用相同。
- 【保留透明区域】复选框：该选项用于保护透明区域。选中该复选框，表示只对非透明区域进行合并。若在当前图像中选择了【背景】图层，则该选项将处于不可用状态。

【例 12-3】使用【应用图像】命令调整图像效果。

(1) 选择【文件】|【打开】命令，打开两幅素材图像，如图 12-22 所示。

图 12-22　打开图像文件

(2) 选中 1.jpg 图像文件，选择【图像】|【应用图像】命令，打开【应用图像】对话框。在该对话框的【源】下拉列表中选择"2.jpg"，【通道】下拉列表中选择【绿】，【混合】下拉列表中选择【相加】，设置【不透明度】为 70%，并选中【蒙版】复选框。设置完成后，单击【确定】按钮应用图像调整，如图 12-23 所示。

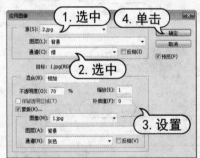

图 12-23　应用图像

12.4.2 【计算】命令

【计算】命令的工作原理与【应用图像】命令相同，它可以混合两个来自一个或多个源图像的单个通道。使用该命令可以创建新的通道和选区，也可以生成新的黑白图像。如果使用多

个源图像，则这些图像的像素尺寸必须相同。选择【图像】|【计算】命令，可以打开如图 12-24 所示的【计算】对话框。

提示

【计算】对话框中的【图层】、【通道】、【混合】、【不透明度】和【蒙版】等选项与【应用图像】命令对话框中相应选项的作用相同。

图 12-24　【计算】对话框

- 【源 1】和【源 2】选项：选择当前打开的源文件的名称。

- 【图层】选项：可以在该下拉列表中选择相应的图层。在合成图像时，源 1 和源 2 的顺序安排会对最终合成的图像效果产生影响。

- 【结果】选项：可以在该下拉列表中指定一种混合结果。用户可以决定合成的结果是保存在一个灰度的新文档中，还是保存在当前活动图像的新通道中，或者将合成的效果直接转换成选取范围。

【例 12-4】使用【计算】命令调整图像效果。

(1) 选择【文件】|【打开】命令，打开素材照片。按 Ctrl+J 键复制【背景】图层，如图 12-25 所示。

(2) 选择【图像】|【计算】命令，打开【计算】对话框。在该对话框中，设置源 1 的【通道】为【绿】，源 2 的【通道】为【蓝】，【混合模式】为【柔光】，然后单击【确定】按钮，生成 Alpha1 通道，如图 12-26 所示。

图 12-25　打开图像

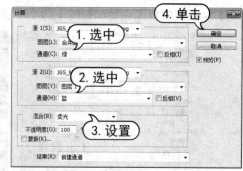

图 12-26　应用【计算】命令

(3) 在【通道】面板中，按 Ctrl+A 键全选 Alpha1 通道，然后再按 Ctrl+C 键复制，如图 12-27 所示。

(4) 在【通道】面板中，选中【绿】通道，按 Ctrl+V 键将 Alpha 通道中图像粘贴到绿通道中，如图 12-28 所示。

(5) 在【通道】面板中，单击 RGB 复合通道，按 Ctrl+D 键取消选区，如图 12-29 所示。

(6) 选中【图层】面板，设置【图层 1】图层混合模式为【深色】，如图 12-30 所示。

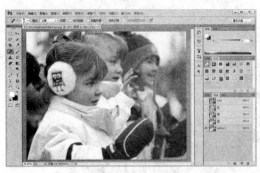

图 12-27　复制通道

图 12-28　粘贴通道

图 12-29　选中通道

图 12-30　设置图层混合模式

⑫.4.3　用通道调整颜色

通道调色是一种高级调色技术。可以对一张图像的单个通道应用各种调色命令，从而达到调整图像中单种色调的目的。

【例 12-5】使用通道调整图像颜色。

(1) 选择【文件】|【打开】命令打开素材图像文件，如图 12-31 所示。

(2) 选择【图像】|【模式】|【Lab 颜色】命令将图像转换为 Lab 模式。在【通道】面板中，选中【明度】通道，按 Ctrl+L 键，在打开的【色阶】对话框中设置输入色阶数值为 0、0.86、255，然后单击【确定】按钮应用设置，如图 12-32 所示。

图 12-31　打开图像文件

图 12-32　应用【色阶】命令

(3) 选择 a 通道，并显示出 Lab 复合通道。按 Ctrl+M 键，在打开的【曲线】对话框中调整曲线形状，然后单击【确定】按钮，如图 12-33 所示。

图 12-33 应用【色阶】命令

12.4.4 用通道抠图

通道抠图主要是利用图像的色相差别或明度差别来创建选区，在操作过程中可以使用【亮度/对比度】、【曲线】以及【色阶】等调整命令，【画笔】、【加深】和【减淡】等工具对通道进行调整，以得到最精确的选区。通道抠图的方法常用于抠选毛发或半透明的对象。

【例 12-6】使用通道抠取图像，并合成图像效果。

(1) 选择打开素材图像，选择【文件】|【置入】命令将光束素材置入到素材图像中，并栅格化图层，如图 12-34 所示。

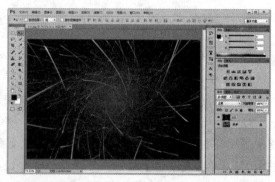

图 12-34 打开图像文件

(2) 隐藏【背景】图层，打开【通道】面板，选择【绿】通道。选择【图像】|【调整】|【曲线】命令，打开【曲线】对话框。在该对话框中单击【在图像中取样以设置黑场】按钮，并在图像中单击吸取背景颜色，然后调整曲线形状，并单击【确定】按钮关闭【曲线】对话框，如图 12-35 所示。

(3) 选择【滤镜】|【模糊】|【高斯模糊】命令，打开【高斯模糊】对话框。在该对话框中设置【半径】为 1 像素，然后单击【确定】按钮，如图 12-36 所示。

(4) 按 Ctrl 键单击【绿】通道缩览图，载入【绿】通道选区，然后选中 RGB 复合通道。选择【选择】|【修改】|【扩展】命令，打开【扩展选区】对话框。在该对话框中，设置【收缩量】为 2 像素，然后单击【确定】按钮，如图 12-37 所示。

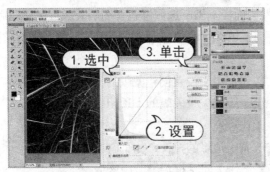

图 12-35　应用【曲线】命令

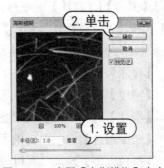

图 12-36　应用【高斯模糊】命令

(5) 选择【图像】|【调整】|【色阶】命令，打开【色阶】对话框。在该对话框中，设置输入色阶为 0、1、65，然后单击【确定】按钮，如图 12-38 所示。

图 12-37　扩展选区

图 12-38　应用【色阶】命令

(6) 打开【图层】面板，单击【添加图层蒙版】按钮为光束图像添加图层蒙版，并显示【背景】图层。设置光束图层的图层混合模式为【滤色】，如图 12-39 所示。

图 12-39　添加图层蒙版

⑫.5　认识蒙版

蒙版是合成图像的重要工具，使用蒙版可以在不破坏图像的基础上，实现图像的拼接。实际上，蒙版是一种遮罩，使用蒙版可将图像中不需要编辑的图像区域进行保护，以达到制作画面的融合效果。Photoshop 中存在多种蒙板类型，其中包含了图层蒙版、矢量蒙版、快速蒙版及剪贴蒙版。而不同类型的蒙版都有各自的特点，使用不同的蒙版可以得到不同的边缘过渡效果。

选择【窗口】|【属性】命令打开【属性】面板，当所选图层包含图层蒙版或矢量蒙版时，【属性】面板将显示蒙版的参数设置，如图 12-40 所示。在该面板中可以对所选图层的图层蒙版及矢量蒙版的不透明度和羽化参数等进行调整。

- ⊙ 【像素蒙版】按钮和【矢量蒙版】按钮：用于设置创建蒙版的类型。
- ⊙ 【浓度】选项：用于控制选定的图层蒙版或矢量蒙版的不透明度。
- ⊙ 【羽化】选项：可以设置蒙版边缘柔化程度。
- ⊙ 【蒙版边缘】选项：提供了多种修改蒙版边缘的控件，如平滑、收缩和扩展。
- ⊙ 【颜色范围】选项：可以根据【色彩范围】对话框调整蒙版区域。
- ⊙ 【反相】按钮：反转蒙版遮盖区域。
- ⊙ 【从蒙版中载入选区】按钮：可将蒙版转换为选区。
- ⊙ 【应用蒙版】按钮：可将蒙版应用于图层图像中，并删除蒙版。
- ⊙ 【停用/启用蒙版】按钮：可以显示或隐藏蒙版效果。

另外，在【蒙版】面板菜单中选择【蒙版选项】命令，可以打开如图 12-41 所示的【图层蒙版显示选项】对话框设置蒙版的颜色和不透明度。

图 12-40　【属性】面板

图 12-41　【图层蒙版显示选项】对话框

12.6　使用快速蒙版

使用快速蒙版创建选区类似于使用快速选择工具的操作，即通过画笔的绘制方式来灵活创建选区。创建选区后，单击工具箱中的【以快速蒙版模式编辑】按钮，可以看到选区外转换为红色半透明的蒙版效果。【以快速蒙版模式编辑】按钮位于工具箱的最下端，进入快速蒙版模式的快捷方式是直接按下 Q 键，完成蒙版的绘制后再次按下 Q 键切换回标准模式。

在快速蒙版模式下，通过绘制白色来删除蒙版，通过绘制黑色来添加蒙版区域。当转换到标准模式后绘制的白色区域将转换为选区。

【例 12-7】使用快速蒙版抠取图像效果。

(1) 选择【文件】|【打开】命令打开素材图像文件，如图 12-42 所示。

(2) 单击工具箱中的【以快速蒙版模式编辑】按钮，选择【画笔】工具在图像中背景部分进行涂抹，如图 12-43 所示。

图 12-42 打开图像文件

图 12-43 创建快速蒙版

(3) 按下 Q 键切换到标准模式，并按 Ctrl+C 键复制选区内图像，如图 12-44 所示。

(4) 选择【文件】|【打开】命令，打开另一幅图像文件。按 Ctrl+V 键粘贴图像，并按 Ctrl+T 键放大图像，如图 12-45 所示。

图 12-44 创建选区

图 12-45 粘贴图像

(5) 在【图层】面板中，双击【图层 1】打开【图层样式】对话框。在该对话框中，选中【投影】样式，设置【不透明度】为 88%，【距离】为 40 像素，【大小】为 27 像素，然后单击【确定】按钮应用投影样式，如图 12-46 所示。

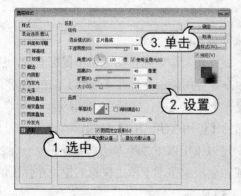

图 12-46 应用【投影】样式

⑫.7 图层蒙版

图层蒙版是图像处理中最为常用的蒙版，主要用来显示或隐藏图层的部分内容，可以在编辑的同时保留原图像，不因编辑而受到破坏。图层蒙版中的白色区域可以遮盖下面图层中的内容，只显示当前图层中的图像；黑色区域可以遮盖当前图层中的图像，显示出下面图层中的内容；蒙版中的灰色区域会根据其灰度值使当前图层中的图像呈现出不同层次的透明效果。

⑫.7.1 创建图层蒙版

创建图层蒙版时，需要确定是要隐藏还是显示所有图层，也可以在创建蒙版之前建立选区，通过选区使创建的图层蒙版自动隐藏部分图层内容。

在【图层】面板中选择需要添加蒙版的图层后，单击面板底部的【添加图层蒙版】按钮，或选择【图层】|【图层蒙版】|【显示全部】或【隐藏全部】命令即可创建图层蒙版，如图 12-47 所示。

创建选区后，选择【图层】|【图层蒙版】|【显示选区】命令，可基于选区创建图层蒙版；如果选择【图层】|【图层蒙版】|【隐藏选区】命令，则选区内的图像将被蒙版遮盖，如图 12-48 所示。用户也可以在创建选区后，直接单击【添加图层蒙版】按钮，从选区生成蒙版。

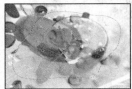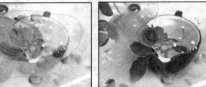

图 12-47 创建图层蒙版　　　　　图 12-48 根据选区创建蒙版

⑫.7.2 停用、启用图层蒙版

如果要停用图层蒙版，可以采用以下两种方法来完成。

- 选择【图层】|【图层蒙版】|【停用】命令，或在图层蒙版缩览图上单击鼠标右键，然后在弹出的菜单中选择【停用图层蒙版】命令。停用蒙版后，在【属性】面板的缩览图和【图层】面板的蒙版缩览图中都会出现一个红色叉号，如图 12-49 所示。
- 选择图层蒙版，然后单击【属性】面板底部的【停用/启用蒙版】按钮。

在停用图层蒙版后，如果要重新启用图层蒙版，可以采用以下 3 种方法来完成。

- 选择【图层】|【图层蒙版】|【启用】命令或在蒙版缩览图上单击鼠标右键，在弹出的菜单中选择【启用图层蒙版】命令，如图 12-50 所示。

- 单击蒙版缩览图，即可重新启用图层蒙版。
- 选择蒙版，然后单击【属性】面板底部的【停用/启用蒙版】按钮。

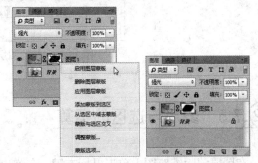

图 12-49　停用图层蒙版　　　　　图 12-50　启用图层蒙版

12.7.3　应用图层蒙版

应用图层蒙版是指将图像中对应蒙版中的黑色区域删除，白色区域被保留，而灰色区域将呈透明效果，并且删除图层蒙版。在图层蒙版缩览图上单击鼠标右键，在弹出的菜单中选择【应用图层蒙版】命令，可以将蒙版应用在当前图层中，如图 12-51 所示。

图 12-51　应用图层蒙版

12.7.4　删除图层蒙版

如果要删除图层蒙版，可以采用以下 4 种方法来完成。

- 选中图层，选择【图层】|【图层蒙版】|【删除】命令。
- 在蒙版缩览图上单击鼠标右键，在弹出的菜单中选择【删除图层蒙版】命令。
- 将蒙版缩览图拖拽到【图层】面板下面的【删除图层】按钮上，或直接单击【删除图层】按钮，然后在弹出的对话框中单击【删除】按钮，如图 12-52 所示。
- 选择蒙版，然后直接在【属性】面板中单击【删除蒙版】按钮。

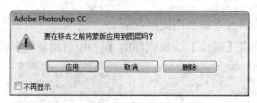

图 12-52　删除图层蒙版提示对话框

⑫.7.5　蒙版与选区的运算

在图层蒙版缩览图上单击鼠标右键，在弹出的菜单中可以看到 3 个关于蒙版与选区运算的命令。

- 如果当前图像中没有选区，选择【添加蒙版到选区】命令，可以载入图层蒙版的选区。如果当前图像中存在选区，执行该命令，可以将蒙版的选区添加到当前选区中。
- 如果当前图像中存在选区，选择【从选区中减去蒙版】命令，可以从当前选区中减去蒙版的选区。
- 如果当前图像中存在选区，选择【蒙版与选区交叉】命令，可以得到当前选区与蒙版选区的交叉区域。

⑫.8　剪贴蒙版

剪贴蒙版是使用某个图层的内容来遮盖其上方的图层。遮盖效果由底部图层和其上方图层的内容决定。底部图层的非透明内容将在剪贴蒙版中裁剪其上方的图层内容。剪贴图层中的其他所有内容将被遮盖掉。

⑫.8.1　创建剪贴蒙版

剪贴蒙版可以用于多个图层，但它们必须是连续的。在剪贴蒙版中，最下面的图层为基底图层，上面的图层为内容图层。基底图层名称下带有下划线，内容图层的缩览图是缩进的，并且带有剪贴蒙版图标。

知识点

> 剪贴蒙版的内容图层不仅可以是普通的像素图层，还可以是调整图层、形状图层以及填充图层等类型图层。使用调整图层作为剪贴蒙版的内容图层很常见，可以对某一图层的调整而不影响其他图层。

在【图层】面板中,选择【图层】|【创建剪贴蒙版】命令,或在要应用剪贴蒙版的图层上单击右键,在弹出的菜单中选择【创建剪贴蒙版】命令,或按住 Alt 键,将光标置于【图层】面板中分隔两组图层的线上,然后单击鼠标即可创建剪贴蒙版,如图 12-53 所示。

12.8.2　释放剪贴蒙版

选择基底图层正上方的内容图层,选择【图层】|【释放剪贴蒙版】命令,或按下 Alt+Ctrl+G 键,或直接在要释放的图层上单击右键,在弹出的菜单中选择【释放剪贴蒙版】命令,可释放全部剪贴蒙版,如图 12-54 所示。

图 12-53　创建剪贴蒙版　　　　　　　图 12-54　释放剪贴蒙版

用户按住 Alt 键,将光标置于剪贴蒙版中两个图层之间的分隔线上,然后单击鼠标同样可以释放剪贴蒙版中的图层。

12.8.3　编辑剪贴蒙版

剪贴蒙版使用基底图层的不透明度和混合模式属性。因此,调整基底图层的不透明度和混合模式时,可以控制整个剪贴蒙版的不透明度和混合模式,如图 12-55 所示。

调整内容图层的不透明度和混合模式时,仅对其自身产生作用,不会影响剪贴蒙版中其他图层的不透明度和混合模式,如图 12-56 所示。

图 12-55　调整基底图层　　　　　　　　图 12-56　调整内容图层

12.8.4 加入、移出剪贴蒙版

将一个图层拖动到剪贴蒙版的基底图层上，可将其加入到剪贴蒙版中，如图 12-57 所示。

将内容图层移出剪贴蒙版，则可以释放该图层。选择一个内容图层，然后选择【图层】|【释放剪贴蒙版】命令也可以从剪贴蒙版中释放出该图层，如果该图层上面还有其他内容图层，则这些图层也将会同时释放，如图 12-58 所示。

图 12-57 加入剪贴蒙版

图 12-58 移出剪贴蒙版

12.9 矢量蒙版

矢量蒙版是通过【钢笔】工具或形状工具创建的与分辨率无关的蒙版。它通过路径和矢量形状来控制图像的显示区域，可以任意缩放。一旦为图层添加了矢量蒙版，还可以应用图层样式为蒙版内容添加图层效果，用于创建各种风格的按钮、面板或其他的 Web 设计元素。

12.9.1 创建矢量蒙版

要创建矢量蒙版，可以在图层绘制路径后，在工具选项栏中，单击【蒙版】按钮，将绘制的路径转换为矢量蒙版。

用户也可以将绘制的路径创建为矢量蒙版。要将当前绘制的路径创建为矢量蒙版，只需在当前选中的图层中选择【图层】|【矢量蒙版】|【当前路径】命令，即可将当前路径创建为矢量蒙版。

【例 12-8】创建矢量蒙版制作图像效果。

(1) 选择【文件】|【打开】命令打开素材图像，如图 12-59 所示。

(2) 选择【文件】|【置入】命令，置入素材图像，并右击置入图像图层，在弹出的菜单中选择【栅格化图层】命令，如图 12-60 所示。

(3) 选择【钢笔】工具，在选项栏中设置绘图模式为【路径】，如图 12-61 所示。

(4) 选择【图层】|【矢量蒙版】|【当前路径】命令创建矢量蒙版，如图 12-62 所示。

图 12-59　打开图像

图 12-60　置入图像

图 12-61　绘制路径

图 12-62　创建矢量蒙版

(5) 选择【移动】工具，并按 Ctrl+T 键应用【自由变换】命令调整图像，如图 12-63 所示。

图 12-63　自由变换图像

> **知识点**
>
> 可以像普通图层一样，向矢量蒙版添加图层样式，只是图层样式只对矢量蒙版中的内容起作用，对隐藏的部分不会有任何影响。

12.9.2　转换矢量蒙版

矢量蒙版是基于矢量形状创建的，当不再需要改变矢量蒙版中的形状或对形状做进一步的灰度改变时，就可以将矢量蒙版栅格化。栅格化操作是将矢量蒙版转换为图层蒙版的过程。

选择矢量蒙版所在的图层，选择【图层】|【栅格化】|【矢量蒙版】命令，或直接单击鼠标右键，在弹出的菜单中选择【栅格化矢量蒙版】命令，即可栅格化矢量蒙版，将其转换为图层蒙版，如图 12-64 所示。

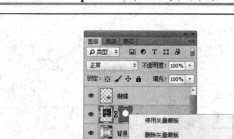

图 12-64　栅格化矢量蒙版

12.9.3　编辑矢量蒙版

　　在【图层】面板中，选择包含要编辑的矢量蒙版的图层，单击【蒙版】面板中的【选择矢量蒙版】按钮，或单击【路径】面板中的路径缩览图后，可以使用形状、钢笔或直接选择工具更改形状，或设置蒙版效果。

　　单击【图层】面板中的矢量蒙版缩览图，选择【编辑】|【变换路径】命令子菜单中的命令，即可对矢量蒙版进行各种变换操作。矢量蒙版的变换方法与图像的变换方法相同。矢量蒙版是基于矢量对象的蒙版，它与分辨率无关。因此，在进行变换和变形操作时不会产生锯齿。

12.9.4　链接、取消链接矢量蒙版

　　在默认状态下，图层与矢量蒙版是链接在一起的，当移动或变换图层时，矢量蒙版也会随之发生变化。如果不需要变换图层或矢量蒙版时影响对象，可以单击链接图标取消链接，如图 12-65 所示。如果要恢复链接，可以在取消链接的地方单击鼠标左键，或选择【图层】|【矢量蒙版】|【链接】命令。

图 12-65　取消矢量蒙版链接

12.10　上机练习

　　本章的上机练习通过拼合功能为图像添加晚霞效果，从而使用户更好地掌握图层和图层蒙

版的基本操作方法和技巧。

(1) 在 Photoshop 中，选择【文件】|【打开】命令，选择打开一幅照片图像，并按 Ctrl+J 键复制【背景】图层。选择【矩形选框】工具，沿水平线框选天空部分，创建选区，如图 12-66 所示。

(2) 选择【文件】|【打开】命令，打开另一幅晚霞素材照片。按 Ctrl+A 键全选图像，并按 Ctrl+C 键复制，如图 12-67 所示。

图 12-66　创建选区

图 12-67　复制图像

(3) 再次选中风景照片，选择【编辑】|【选择性粘贴】|【贴入】命令，贴入图像，并按 Ctrl+T 键应用【自由变换】命令调整图像大小及位置，如图 12-68 所示。

(4) 按 Ctrl 键单击【图层 2】图层蒙版缩览图载入选区，并按 Shift+Ctrl+I 键反选选区。选择【编辑】|【选择性粘贴】|【贴入】命令，接着选择【编辑】|【变换】|【垂直翻转】命令，然后按 Ctrl+T 键应用【自由变换】命令调整图像大小及位置，如图 12-69 所示。

图 12-68　贴入图像

图 12-69　贴入图像

(5) 在【图层】面板中，设置【图层 3】图层混合模式为【正片叠底】，【不透明度】为 70%，如图 12-70 所示。

(6) 在【图层】面板中，选中【图层 3】图层蒙版缩览图，选择【画笔】工具，在其选项栏中选择柔边画笔样式，设置【不透明度】为 20%，然后在图像中涂抹不要被覆盖的部分，如图 12-71 所示。

(7) 在【图层】面板中，单击【创建新图层】按钮，新建【图层 4】图层。在【颜色】面板中，设置 RGB=233、102、76，在选项栏中设置【画笔】工具【不透明度】为 10%。使用【画笔】工具在桥面上进行涂抹，如图 12-72 所示。

计算机 基础与实训教材系列

图 12-70　设置图层

图 12-71　添加图层蒙版

(8) 在【图层】面板中，设置【图层 4】图层混合模式为【饱和度】，如图 12-73 所示。

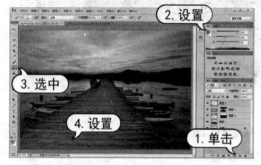

图 12-72　创建新图层

图 12-73　设置图层

⑫.11　习题

1. 打开图像文件，运用通道以及剪贴蒙版制作如图 12-74 所示的图像效果。

图 12-74　图像效果

2. 打开任一图像文件，使用形状工具创建形状图层，然后依据形状图层创建剪贴蒙版。

滤镜的应用

通过 Photoshop 中的各种功能滤镜可以对当前的图层或选区内的图像进行各种特殊效果的处理。本章主要介绍滤镜的基础知识，以及各个主要滤镜组的使用方法。

本章重点

- ◉ 特殊滤镜
- ◉ 【滤镜库】命令
- ◉ 【模糊】滤镜组
- ◉ 【扭曲】滤镜组

13.1 初识滤镜

在 Photoshop 中，滤镜的功能非常强大，不仅可以制作一些常见的艺术效果，还可以创作出丰富多彩的创意图像。

13.1.1 滤镜的使用方法

Photoshop 为用户提供的上百种滤镜都放置在【滤镜】菜单中，而且不同滤镜作用不同。在使用滤镜时，需要注意以下几个技巧。

1. 使用滤镜

要使用滤镜，首先需要在文档窗口中指定要应用滤镜的文档或图像区域，然后执行【滤镜】菜单中的相关滤镜命令，打开当前滤镜对话框，对该滤镜进行参数的调整，然后确定即可应用滤镜。

2. 重复滤镜

当执行完一个滤镜操作后，将在【滤镜】菜单的顶部出现刚使用过的滤镜名称，选择该命令，或按 Ctrl+F 键，可以以相同的参数再次应用该滤镜。如果按 Alt+Ctrl+F 键，则会重新打开上一次执行的滤镜对话框。

3. 复位滤镜

在滤镜对话框中，经过修改后，如果要复位当前滤镜到打开时的设置，可以按住 Alt 键，此时对话框中的【取消】按钮将变成【复位】按钮，如图 13-1 所示，单击该按钮可将滤镜参数恢复到打开该对话框时的状态。

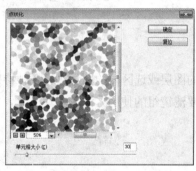

图 13-1　复位滤镜

4. 滤镜效果预览

在打开的大部分滤镜命令对话框中，都有相同的预览设置。例如选择【滤镜】|【风格化】|【扩散】命令，打开【扩散】对话框，如图 13-2 所示。在该对话框中，可以通过下面的方法对预览进行详解。

图 13-2　【扩散】对话框　　　　　　　　图 13-3　移动图像的预览位置

- ◉ 【预览窗口】：在该窗口中，可以查看图像应用滤镜后的效果，以便及时地调整滤镜参数，达到满意效果。当图像的显示大于预览窗口时，在预览窗口中拖动鼠标，可以移动图像的预览位置，以查看不同图像位置的效果，如图 13-3 所示。

- 【缩小】：单击该按钮，可以缩小预览窗口中的图像显示区域，如图 13-4 所示。
- 【放大】：单击该按钮，可以放大预览窗口中的图像显示区域，如图 13-5 所示。
- 【缩放比例】：显示当前图像的缩放比例值。当单击【缩小】或【放大】按钮时，该值将随之发生变化。

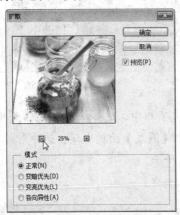
图 13-4　缩小预览图像显示

图 13-5　放大预览图像显示

⑬.1.2　智能滤镜

应用于智能对象的任何滤镜都是智能滤镜，智能滤镜出现在【图层】面板中应用这些智能滤镜的智能对象图层的下方。由于可以调整、移去或隐藏智能滤镜，因此这些滤镜是非破坏性的。智能对象是一个嵌入在当前文档中的文件，它可以是光栅图像，也可以是矢量对象。在 Photoshop 中处理智能对象时，不会直接应用到对象的原始数据上，因此也不会给原始数据造成实质性的更改。

【例 13-1】使用智能滤镜调整图像效果。

(1) 在 Photoshop 中，选择菜单栏中的【文件】|【打开】命令，选择打开一幅图像，并按 Ctrl+J 键复制背景图层，如图 13-6 所示。

(2) 在【图层】面板中，单击右上角的面板菜单按钮，在弹出的菜单中选择【转换为智能对象】命令，将【图层 1】图层转换为智能对象。选择【滤镜】|【滤镜库】命令，打开【滤镜库】对话框。在该对话框中选择【艺术效果】滤镜组中的【水彩】滤镜。设置【画笔细节】为 14，【阴影强度】为 0，【纹理】为 1，设置完成后，单击【确定】按钮即可以添加智能滤镜效果，如图 13-7 所示。

(3) 双击智能滤镜旁的编辑混合选项图标，可以打开【混合选项】对话框。在【混合模式】下拉列表中选择【正片叠底】选项，设置滤镜的【不透明度】为 80%，然后单击【确定】按钮应用，如图 13-8 所示。

图 13-6 打开图像

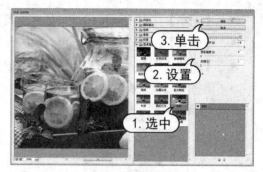
图 13-7 应用滤镜

(4) 在工具箱中选择【画笔】工具，然后在工具选项栏中，选择一种画笔样式并设置其大小，设置【不透明度】为 40%。设置前景色为黑色，在【图层】面板中单击选中智能滤镜蒙版，然后使用【画笔】工具在图像中进行涂抹，如图 13-9 所示。

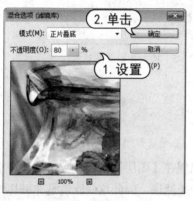
图 13-8 设置混合选项

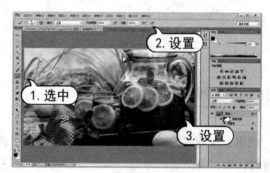
图 13-9 调整智能滤镜蒙版

⑬.2   特殊滤镜

Photoshop 提供了几个独立的特殊滤镜。使用这些滤镜可以填补图像缺陷，改变图像透视和画面效果。

⑬.2.1   【镜头校正】命令

【镜头校正】滤镜用于修复常见的镜头缺陷，如桶形失真、枕形失真、色差以及晕影等，也可以用来旋转图像，或修复由于相机垂直或水平倾斜而导致的图像透视现象。在进行变换和变形操作时，该滤镜比【变换】命令更为有用。同时，该滤镜提供的网格可以使调整更为轻松和精确，如图 13-10 所示。

选择【滤镜】|【镜头校正】命令，或按快捷键 Shift+Ctrl+R，可以打开【镜头校正】对话框。该对话框左侧是该滤镜的使用工具，中间是预览和操作窗口，右侧是参数设置区。

图 13-10　应用【镜头校正】滤镜

● 【移去扭曲】工具：可以校正镜头桶形或枕形扭曲。选择该工具，将光标置于画面中，单击并向画面边缘拖动鼠标可以校正桶形失真；向画面的中心拖动鼠标可以校正枕形失真。

● 【拉直】工具：可以校正倾斜的图像，或者对图像的角度进行调整。选择该工具后，在图像中单击并拖动一条直线，释放鼠标后，图像会以该直线为基准进行角度的校正。

● 【移动网格】工具：用于移动网格，以便使它与图像对齐。

● 【抓手】/【缩放】工具：用于缩放预览窗口的显示比例和移动画面。

● 【几何扭曲】：主要用于校正镜头桶形失真或枕形失真。数值为正时，图像将向外扭曲；数值为负值，图像将向中心扭曲。

● 【色差】：用于校正色变。在进行校正时，放大预览窗口的图像，可以清楚地查看色边校正情况。

● 【晕影】：校正由于镜头缺陷或镜头遮光处理不当而导致的边缘较暗的图像。【数量】选项用于设置沿图像边缘变亮或变暗的程度；【中点】选项用来指定受【数量】数值影响的区域的宽度。

● 【变换】：【垂直透视】选项用于校正由于相机向上或向下倾斜而导致的图像透视错误；【水平透视】选项用于校正图像在水平方向上的透视效果；【角度】选项用于旋转图像，以针对相机歪斜加以校正；【比例】选项用于控制镜头校正的比例。

【例 13-2】使用【镜头校正】滤镜调整图像效果。

(1) 选择【文件】|【打开】命令，打开一幅素材文件，并按 Ctrl+J 键复制背景图层，如图 13-11 所示。

(2) 选择【滤镜】|【镜头校正】命令，打开【镜头校正】对话框，在其中打开【自定】选项卡，如图 13-12 所示。

(3) 选中【显示网格】复选框，在【变换】选项区中设置【垂直透视】为-9，如图 13-13 所示。

(4) 在【晕影】选项区中，设置【数量】为 50。设置完成后，单击【确定】按钮应用【镜头校正】滤镜效果，如图 13-14 所示。

图 13-11　打开图像

图 13-12　打开【镜头校正】对话框

图 13-13　设置垂直透视

图 13-14　设置晕影

13.2.2　【液化】命令

　　【液化】滤镜是修饰图像和创建艺术效果的强大工具，常用于数码照片修饰。【液化】命令的使用方法较简单，但功能相当强大，可以创建推、拉、旋转、扭曲和收缩等变形效果。选择【滤镜】|【液化】命令，可以打开【液化】对话框。在该对话框右侧选中【高级模式】复选框可以显示完整的功能设置选项。

 知识点

　　【液化】对话框中包含各种变形工具，选择这些工具后，在对话框中的图像上单击并拖动鼠标即可进行变形操作，变形效果集中在画笔区域的中心，并且会随着鼠标在某个区域中的重复拖动而得到增强。

　　【例13-3】使用【液化】命令调整图像效果。

　　(1) 选择【文件】|【打开】命令，打开一幅素材文件，并按 Ctrl+J 键复制背景图层。选择【滤镜】|【液化】命令，打开如图 13-15 所示的【液化】对话框。

　　(2) 选择左侧工具箱中的【向前变形】工具按钮，在对话框右侧的【工具选项】选项组中，设置【画笔大小】为250，【画笔压力】为50，然后使用【向前变形】工具在人物手臂的边缘向内推动变形，为人物瘦手臂，最后单击【确定】按钮关闭对话框，如图 13-16 所示。

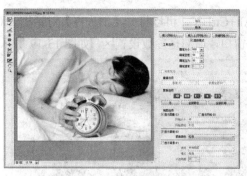

图 13-15　打开【液化】对话框

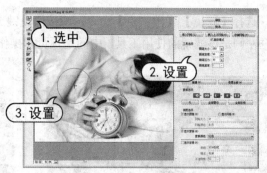

图 13-16　液化图像

⑬.2.3　【油画】命令

使用【油画】命令可以为普通照片添加油画效果。【油画】滤镜最大的特点就是笔触鲜明，整体感觉厚重。选择【滤镜】|【油画】命令可以在打开的【油画】对话框中进行参数设置。

【例 13-4】使用【油画】命令制作图像效果。

(1) 选择【文件】|【打开】命令，打开一幅素材文件，并按 Ctrl+J 键复制背景图层，如图 13-17 所示。

(2) 选择【滤镜】|【油画】命令，打开【油画】对话框。在该对话框中，设置【描边样式】为 0.1、【描边清洁度】为 9.9、【缩放】为 1、【硬毛刷细节】为 0、【角方向】为 165、【闪亮】为 0，然后单击【确定】按钮应用滤镜，如图 13-18 所示。

图 13-17　打开图像

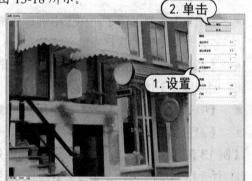

图 13-18　应用【油画】滤镜

⑬.2.4　【消失点】命令

【消失点】滤镜的作用是帮助用户对含有透视平面的图像进行透视图调节和编辑。使用【消失点】工具，先选定图像中的平面，在透视平面的指导下，运用绘画、克隆、复制或粘贴以及变换等编辑工具对图像中的内容进行修饰、添加或移动，使其最终效果更加逼真。

选择【滤镜】|【消失点】命令，或按快捷键 Alt+Ctrl+V，可以打开【消失点】对话框。对话框左侧是该滤镜的使用工具，中间是预览和操作窗口，顶部是参数设置区，如图 13-19 所示。

图 13-19　应用【消失点】滤镜

选择【滤镜】|【消失点】命令，可以打开【消失点】对话框。其左侧提供了一组工具按钮，可以帮助用户完成编辑操作。

- 【编辑平面】工具：用于选择、编辑和移动平面并调整平面大小。
- 【创建平面】工具：用于定义平面的 4 个角节点，同时调整平面的大小和形状。在操作中按住 Ctrl 键，可以拖移某个边节点拉出一个垂直平面。
- 【选框】工具：在平面中单击并拖移可选择该平面上的区域。在操作过程中，按住 Alt 键，可以拖移选区并拉出选区的一个副本；按住 Ctrl 键，可以拖移选区并使用源图像填充选区。
- 【图章】工具：用于在图像中进行仿制操作。在平面中按住 Alt 键单击可设置仿制源点，然后单击并拖移来绘画或仿制。
- 【画笔】工具：用于在图像上绘制选定颜色。在其选项栏中，可以为画笔设置直径、硬度以及不透明度等所需参数数值。
- 【吸管】工具：使用该工具在预览区域中单击，可以选择用于绘画的颜色。
- 【测量】工具：测量两点的距离，编辑距离可设置测量的比例。

【例 13-5】使用【消失点】工具调整图像效果。

(1) 打开图像文件，单击【图层】面板中的【创建新图层】按钮创建新图层，如图 13-20 所示。

(2) 打开另一幅图像文件。按下快捷键 Ctrl+A 将图像选区选中，然后按下快捷键 Ctrl+C 复制该图像，如图 13-21 所示。

(3) 切换到 1.jpg 文件窗口中，选择【滤镜】|【消失点】命令，打开【消失点】对话框。在其中选择【创建平面】工具在图像上通过拖拽并单击添加透视网格，如图 13-22 所示。

(4) 按下快捷键 Ctrl+V，将刚才所复制的对象粘贴到当前图像中。选择工具栏中的【变换】工具，调整图形大小，如图 13-23 所示。完成设置后，单击【确定】按钮，即可将刚才所设置的透视效果应用到当前图像中。

| 图 13-20 打开图像 | 图 13-21 打开并复制图像 |

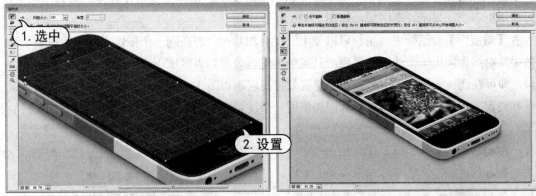

| 图 13-22 添加透视网格 | 图 13-23 添加透视图像 |

13.3 【滤镜库】命令

【滤镜库】是一个整合了多组常用滤镜命令的集合库。利用【滤镜库】可以累积应用多个滤镜或多次应用单个滤镜，还可以重新排列滤镜或更改已应用的滤镜设置。选择【滤镜】|【滤镜库】命令，打开【滤镜库】对话框。该对话框提供了【风格化】、【画笔描边】、【扭曲】、【素描】、【纹理】和【艺术效果】6 组滤镜。

13.3.1 滤镜库的使用

【滤镜库】对话框的左侧是预览区域，用户可以方便地设置滤镜效果的参数选项。单击预览区域下方的☐按钮和⊕按钮可以调整图像预览显示的大小。单击预览区域下方的【缩放比例】按钮，可以在打开列表中选择 Photoshop 预设的缩放比例，如图 13-24 所示。

【滤镜库】对话框中间显示的是滤镜命令选择区域，只需单击该区域中显示的滤镜命令效果缩略图，即可选择该命令，并且在对话框的右侧显示当前选择滤镜的参数选项。还可以从右侧的下拉列表中，选择其他滤镜命令，如图 13-25 所示。

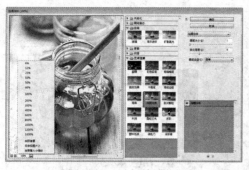

图 13-24 选择缩放比例   图 13-25 选择滤镜命令

要隐藏滤镜命令选择区域，只需单击对话框中的【显示/隐藏滤镜命令选择区域】按钮 ，
即可使用更多空间显示预览区域，如图 13-26 所示。

在【滤镜库】对话框中，用户可以使用滤镜叠加功能，即在同一个图像上同时应用多个滤
镜效果。对图像应用一个滤镜效果后，只需单击滤镜效果列表区域下方的【新建效果图层】按
钮 ，即可在滤镜效果列表中添加一个滤镜效果图层，如图 13-27 所示。选择所需增加的滤镜
命令并设置其参数选项，即可对图像增加使用一个滤镜效果。

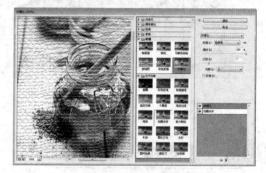

图 13-26 隐藏滤镜命令选择区域   图 13-27 新建效果图层

在滤镜库中为图像设置多个效果图层后，如果用户不再需要这些效果图层，可以选中该效
果图层后单击【删除效果图层】按钮 ，将其删除。

13.3.2 【画笔描边】滤镜组

【画笔描边】滤镜组下的命令可以创造不同画笔绘画的效果。其中共包括 8 种滤镜：【成
角的线条】、【墨水轮廓】、【喷溅】、【喷色描边】、【强化的边缘】、【深色线条】、【烟
灰墨】和【阴影线】。

1.【成角的线条】

【成角的线条】滤镜模拟画笔以某种成直角状的方向绘制图像，暗部区域和亮部区域分别
为不同的线条方向，如图 13-28 所示。

⊙ 【方向平衡】：设置生成线条的倾斜角度。

- ◉ 【线条长度】：设置生成线条的长度。
- ◉ 【锐化程度】：设置生成线条的清晰程度。

2.【墨水轮廓】

【墨水轮廓】滤镜根据图像的颜色边界，描绘其黑色轮廓，以画笔画的风格，用精细的细线在原来细节上重绘图像，并强调图像的轮廓，如图 13-29 所示。

- ◉ 【描边长度】：设置图像中边缘斜线的长度。
- ◉ 【深色强度】：设置图像中暗区部分的强度。
- ◉ 【光照强度】：设置图像中明亮部分的强度。

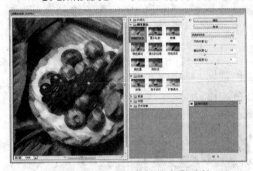

图 13-28 【成角的线条】滤镜　　　　　图 13-29 【墨水轮廓】滤镜

3.【喷溅】

【喷溅】滤镜可以模拟喷枪，使图像产生笔墨喷溅的艺术效果，如图 13-30 所示。

- ◉ 【喷色半径】：设置喷溅的尺寸范围。
- ◉ 【平滑度】：设置喷溅的平滑程度。

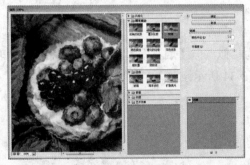
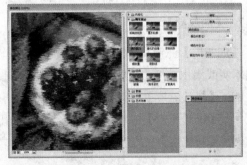

图 13-30 【喷溅】滤镜　　　　　　　图 13-31 【喷色描边】滤镜

4.【喷色描边】

【喷色描边】滤镜可以模拟使用某个方向的笔触或喷溅的颜色进行绘图的效果，如图 13-31所示。

- ◉ 【描边长度】：设置图像中描边笔划的长度。
- ◉ 【喷色半径】：设置图像颜色溅开的程度。

◉　　【描边方向】：设置描边的方向。

5.【强化的边缘】

【强化的边缘】滤镜可以强化图像的边缘效果，如图 13-32 所示。

◉　　【边缘宽度】：设置强化边缘的宽度大小。

◉　　【边缘亮度】：设置强化边缘的亮度。

◉　　【平滑度】：设置强化边缘的平滑程度。

6.【深色线条】

【深色线条】滤镜用短而紧密的深色线条绘制暗部区域，用长的白色线条绘制亮部区域，如图 13-33 所示。

◉　　【平衡】：设置线条的方向。

◉　　【黑色强度】：设置图像中黑色线条的颜色强度。

◉　　【白色强度】：设置图像中白色线条的颜色强度。

图 13-32　【强化的边缘】滤镜　　　　　　图 13-33　【深色线条】滤镜

7.【烟灰墨】

【烟灰墨】滤镜和【深色线条】滤镜效果较为相似，但【烟灰墨】滤镜可以更加生动地表现出木炭或墨水被纸张吸收后的模糊效果，如图 13-34 所示。

◉　　【描边宽度】：设置笔画的宽度。

◉　　【描边压力】：设置画笔在绘画时的压力。

◉　　【对比度】：设置图像中亮区域暗区之间的对比度。

8.【阴影线】

【阴影线】滤镜可以使图像产生交叉网线描绘或雕刻的效果，产生网状的阴影，如图 13-35 所示。

◉　　【描边长度】：图像中描边线条的长度。

◉　　【锐化程度】：设置描边线条的清晰程度。

◉　　【强度】：设置生成阴影线的数量。

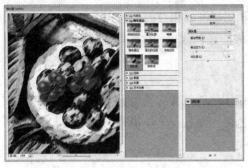

图 13-34　【烟灰墨】滤镜

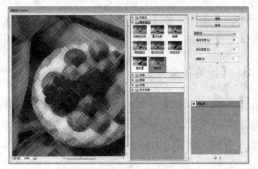

图 13-35　【阴影线】滤镜

13.3.3　【素描】滤镜组

【素描】滤镜组主要用于给图像增加纹理，模拟素描、速写等艺术效果，制作出各种素描绘制图像效果。该滤镜组中的命令基本上和前景色和背景色的颜色设置有关，可以利用前景色或背景色来参与绘图，从而制作出精美的艺术图像。该滤镜组共包括 14 种滤镜：【半调图案】、【便条纸】、【粉笔和炭笔】、【铬黄渐变】、【绘图笔】、【基底凸现】、【水彩画纸】、【撕边】、【石膏效果】、【炭笔】、【炭精笔】、【图章】、【网状】和【影印】。

1. 【半调图案】

【半调图案】滤镜使用前景色和背景色将图像处理为带有圆形、网点或直线形状的半调网屏效果，如图 13-36 所示。

- ◉ 【大小】文本框：用于设置网点的大小，该值越大，其网点越大。
- ◉ 【对比度】文本框：用于设置前景色的对比度。该值越大，前景色的对比度越强。
- ◉ 【图案类型】下拉列表：用于设置图案的类型，其中包括【网点】、【圆形】和【直线】3 个选项。

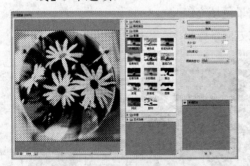

图 13-36　【半调图案】滤镜

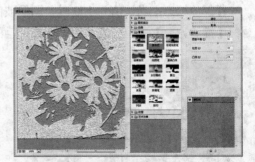

图 13-37　【便条纸】滤镜

2. 【便条纸】

【便条纸】滤镜可以使图像产生类似浮雕的凹陷压印效果，如图 13-37 所示。

- 【图像平衡】文本框：用于设置高光区域和阴影区域相对面积的大小。
- 【粒度/凸现】文本框：用于设置图像中生成的颗粒数量和显示程度。

3. 【粉笔和炭笔】

【粉笔和炭笔】滤镜可以制作出粉笔和炭笔绘制图像的效果。使用前景色在图像上绘制出粗糙的高亮区域，使用背景色在图像上绘制出中间色调，而且粉笔使用背景色绘制，炭笔使用前景色绘制，如图 13-38 所示。

4. 【铬黄渐变】

【铬黄渐变】滤镜可以模拟发光的液态金属，类似于擦亮的铬黄表面效果。应用该滤镜后，可以使用【色阶】命令增加图像的对比度，使金属效果更加强烈，如图 13-39 所示。

 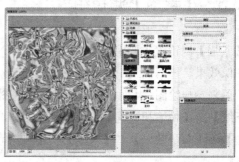

图 13-38 【粉笔和炭笔】滤镜　　　　图 13-39 【铬黄渐变】滤镜

5. 【绘图笔】

【绘图笔】滤镜使用细的、线状的油墨描边来捕捉原图像画面中的细节，前景色作为油墨，背景色作为纸张，以替换原图像中的颜色，如图 13-40 所示。

- 【描边长度】文本框：用于调节笔触在图像中的长短。
- 【明/暗平衡】文本框：用于调整图像前景色和背景色的比例。当该值为 0 时，图像被背景色填充；当该值为 100 时，图像被前景色填充。
- 【描边方向】下拉列表：用于选择笔触的方向。

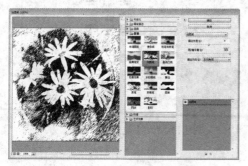 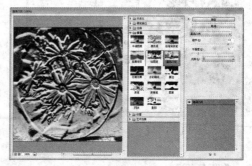

图 13-40 【绘图笔】滤镜　　　　图 13-41 【基底凸现】滤镜

6. 【基底凸现】

　　【基底凸现】滤镜可以变换图像，使之呈现浮雕的雕刻效果和突出光照下变化各异的表面。图像的暗区将呈现前景色，而浅色使用背景色，如图 13-41 所示。

- ⊙　【细节】：用于设置图像细节的保留程度。
- ⊙　【平滑度】：用于设置浮雕效果的平滑程度。
- ⊙　【光照】：在其下拉列表中可以设定一个光照方向。使用不同方向的光照时，浮雕效果也会有所变化。

7. 【石膏效果】

　　【石膏效果】滤镜模拟石膏堆砌的效果。在【光照】下拉列表中，可以选择 8 个方向的光线，如图 13-42 所示。

8. 【水彩画纸】

　　【水彩画纸】滤镜可以模拟画在潮湿纤维纸上的涂抹效果，使颜色在画面中流动并混合，如图 13-43 所示。

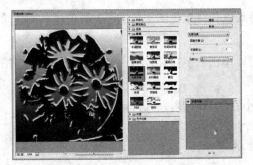 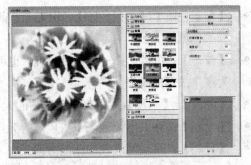

图 13-42　【石膏效果】滤镜　　　　　　图 13-43　【水彩画纸】滤镜

9. 【撕边】

　　【撕边】滤镜可以重建图像，使之呈现由粗糙、撕破的纸片组成的效果，然后使用前景色与背景色为图像着色。对于文本或高对比度的对象，此滤镜尤其有用，如图 13-44 所示。

- ⊙　【图像平衡】：用于设置图像前景色和背景色的平衡比例。
- ⊙　【平滑度】：用于设置图像边界的平滑程度。
- ⊙　【对比度】：用于设置画面效果的对比强度。

10. 【炭笔】

　　【炭笔】滤镜可以产生色调分离的涂抹效果。图像的主要边缘以粗线条绘制，而中间色调用对角描边进行素描，炭笔是前景色，背景是纸张颜色，如图 13-45 所示。

- ⊙　【炭笔粗细】：用于设置炭笔笔画的宽度。
- ⊙　【细节】：用于设置图像细节的保留程度。
- ⊙　【明/暗平衡】：用于调整图像中亮调与暗调的平衡关系。

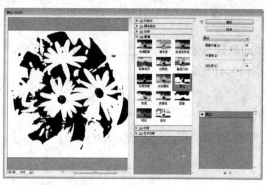

图 13-44 【撕边】滤镜

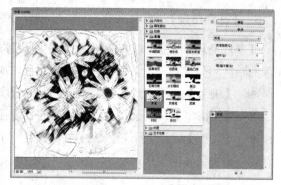

图 13-45 【炭笔】滤镜

11.【炭精笔】

　　【炭精笔】滤镜可以在图像上模拟浓黑和纯白的炭精笔纹理，暗区使用前景色，亮区使用背景色。为了获得更逼真的效果，可以在应用滤镜之前将前景色改为常用的炭精笔颜色，如黑色、深褐色等。要获得减弱的效果，可以将背景色改为白色，在白色背景中添加一些前景色，然后再应用滤镜，如图 13-46 所示。

- 【前景色阶】/【背景色阶】：用来调节前景色和背景色的平衡关系，数值越高的色阶，其颜色就越突出。
- 【纹理】：可以选择一种预设纹理，也可以单击右侧按钮，载入一个 PSD 格式文件作为产生纹理的模板。
- 【缩放】/【凸现】：用来设置纹理的大小和凹凸程度。
- 【光照】：在其下拉列表中可以选择光照方向。
- 【反相】：可反转纹理的凹凸方向。

12.【图章】

　　【图章】滤镜可以简化图像，使之看起来像是用橡皮或木制图章创建的一样。该滤镜用于黑白图像时效果最佳，如图 13-47 所示。

图 13-46 【炭精笔】滤镜

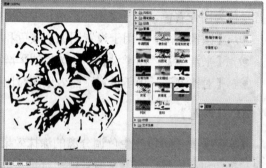

图 13-47 【图章】滤镜

13.【网状】

【网状】滤镜可以模拟胶片乳胶的可控收缩和扭曲来创建图像，使之在阴影处结块，在高光处呈现轻微的颗粒化，如图 13-48 所示。

14.【影印】

【影印】滤镜可以模拟影印图像的效果，大的暗区趋向于只复制边缘四周，而中间色调为纯黑色或纯白色，如图 13-49 所示。

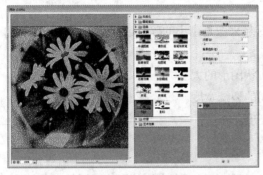
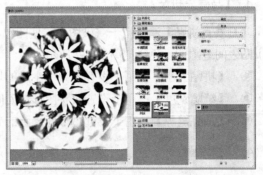

图 13-48 【网状】滤镜   图 13-49 【影印】滤镜

⑬.3.4 【纹理】滤镜组

【纹理】滤镜组主要为图像加入各种纹理效果，赋予图像一种深度或物质的外观。该滤镜组包括 6 种滤镜：【龟裂缝】、【颗粒】、【马赛克拼贴】、【拼缀图】、【染色玻璃】和【纹理化】。

1.【龟裂缝】

【龟裂缝】滤镜可以将图像绘制在一个高凸现的石膏表面上，以循着图像等高线生成精细的网状裂缝，如图 13-50 所示。

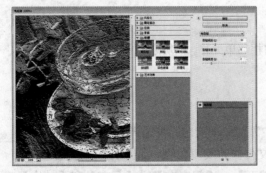

图 13-50 【龟裂缝】滤镜   图 13-51 【颗粒】滤镜

2.【颗粒】

【颗粒】滤镜可以使用常规、软化、喷洒、结块和斑点等不同种类的颗粒为图像添加纹理，如图 13-51 所示。

- ⊙ 【强度】文本框：用于设置颗粒密度，其取值范围为 0~100。该值越大，图像中的颗粒越多。
- ⊙ 【对比度】文本框：用于调整颗粒的明暗对比度，其取值范围为 0~100。
- ⊙ 【颗粒类型】下拉列表框：用于设置颗粒的类型，包括【常规】、【柔和】和【喷洒】等 10 种类型。

3. 【马赛克拼贴】

【马赛克拼贴】滤镜用于渲染图像，使图像看起来像是由小的碎片或拼贴组成的，然后加深拼贴之间缝隙的颜色，如图 13-52 所示。

- ⊙ 【拼贴大小】：用于设置图像中生成的块状图形的大小。
- ⊙ 【缝隙宽度】：用于设置块状图形单元间的裂缝宽度。
- ⊙ 【加亮缝隙】：用于设置图形间缝隙的亮度。

4. 【拼缀图】

【拼缀图】滤镜可以将图像分成规则排列的正方形块，每一个方块使用该区域的主色填充。该滤镜可以随机减小或增大拼贴的深度，以模拟高光和阴影，如图 13-53 所示。

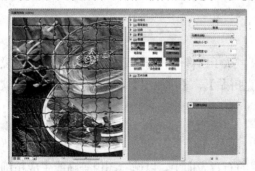 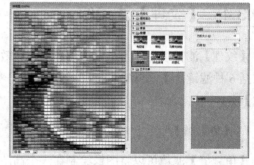

图 13-52 【马赛克拼贴】滤镜　　　　　　　　图 13-53 【拼缀图】滤镜

5. 【染色玻璃】

【染色玻璃】滤镜可将图像重新绘制为单色的相邻单元格，色块之间的缝隙用前景色填充，使图像看起来像是彩色玻璃，如图 13-54 所示。

6. 【纹理化】

【纹理化】滤镜可以生成各种纹理，在图像中添加纹理质感。可选择的纹理包括砖形、粗麻布、画布和砂岩，也可以载入一个 PSD 格式的文件作为纹理文件，如图 13-55 所示。

- ⊙ 【纹理】下拉列表：该列表中提供了【砖形】、【粗麻布】、【画布】和【砂岩】4 种纹理类型。另外，用户还可以选择【载入纹理】选项来装载自定义的以 PSD 文件格式存放的纹理模板。
- ⊙ 【缩放】文本框：用于调整纹理的尺寸大小。该值越大，纹理效果越明显。

- ⊙ 【凸现】文本框：用于调整纹理的深度，该值越大，图像的纹理深度越深。
- ⊙ 【光照】下拉列表：提供了 8 种方向的光照效果。

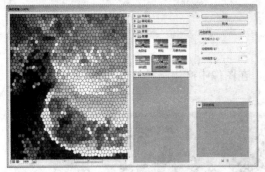

图 13-54　【染色玻璃】滤镜

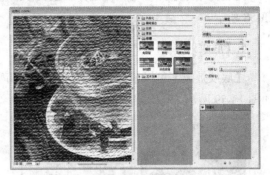

图 13-55　【纹理化】滤镜

⑬.3.5　【艺术效果】滤镜组

该滤镜主要将摄影图像转变成传统介质上的绘画效果，利用这些命令可以使图像产生不同风格的艺术效果。该滤镜组共包括 15 种滤镜：【壁画】、【彩色铅笔】、【粗糙蜡笔】、【底纹效果】、【干画笔】、【海报边缘】、【海绵】、【绘画涂抹】、【胶片颗粒】、【木刻】、【霓虹灯光】、【水彩】、【塑料包装】、【调色刀】和【涂抹棒】。

1.【壁画】

【壁画】滤镜可以使图像产生类似壁画的效果，如图 13-56 所示。

2.【彩色铅笔】

【彩色铅笔】滤镜使用彩色铅笔在纯色背景上绘制图像，并保留重要边缘，外观呈粗糙阴影线，纯色背景色会透过比较平滑的区域显示出来，如图 13-57 所示。

- ⊙ 【铅笔宽度】：用于设置铅笔线条的宽度，该值越高，线条越粗。
- ⊙ 【描边压力】：用于设置铅笔的压力效果，该值越高，线条越粗犷。
- ⊙ 【纸张亮度】：用于设置画质纸色的明暗程度，该值越高，纸的颜色越接近背景色。

图 13-56　【壁画】滤镜

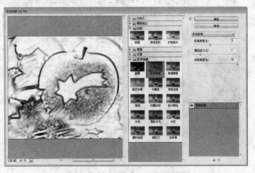

图 13-57　【彩色铅笔】滤镜

计算机基础与实训教材系列

3.【粗糙蜡笔】

【粗糙蜡笔】滤镜可以使图像产生类似蜡笔在纹理背景上绘图产生的一种纹理效果，如图13-58 所示。

4.【底纹效果】

【底纹效果】可以根据设置纹理的类型和颜色，在图像中产生一种纹理描绘的艺术效果，如图 13-59 所示。

图 13-58　【粗糙蜡笔】滤镜

图 13-59　【底纹效果】滤镜

5.【干画笔】

【干画笔】滤镜可以模拟干笔刷技术，通过减少图像的颜色来简化图像的细节，使图像产生一种不饱和、不湿润的油画效果，如图 13-60 所示。

- ⊙ 【画笔大小】文本框：用于设置画笔的大小，该值越小，绘制的效果越细腻。
- ⊙ 【画笔细节】文本框：用于设置画笔的细腻程度，该值越高，效果与原图像越接近。
- ⊙ 【纹理】文本框：用于设置画笔纹理的清晰程度，该值越高，画笔的纹理越明显。

6.【海报边缘】

【海报边缘】滤镜可以勾画出图像的边缘，并减少图像中的颜色数量，添加黑色阴影，使图像产生一种海报的边缘效果，如图 13-61 所示。

- ⊙ 【边缘厚度】文本框：用于调节图像的黑色边缘的宽度，该值越大，边缘轮廓越宽。
- ⊙ 【边缘强度】文本框：用于调节图像边缘的明暗程度，该值越大，边缘越黑。
- ⊙ 【海报化】文本框：用于调节颜色在图像上的渲染效果，该值越大，海报效果越明显。

图 13-60　【干画笔】滤镜

图 13-61　【海报边缘】滤镜

7.【海绵】

【海绵】滤镜可以使图像产生类似海绵浸湿的图像效果，如图 13-62 所示。

图 13-62 【海绵】滤镜

> **知识点**
>
> 【画笔大小】：用于设置模拟海绵的画笔的大小。【清晰度】：用于调整海绵上的气孔的大小，该值越高，气孔的印记越清晰；【平滑度】：用于模拟海绵的压力，该值越高，画面的浸湿感越强，画面越柔和。

8.【绘画涂抹】

【绘画涂抹】滤镜可以使图像产生类似用手在湿画上涂抹的模糊效果，如图 13-63 所示。

- 【画笔大小】：用于设置画笔的大小，该值越高，涂抹的范围越广。
- 【锐化程度】：用于设置图像的锐化程度，该值越高，效果越锐利。
- 【画笔类型】：在其下拉列表中可以选择一种画笔的类型。

9.【胶片颗粒】

【胶片颗粒】滤镜可以为图像添加颗粒效果，制作类似胶片放映时产生的颗粒图像效果，如图 13-64 所示。

图 13-63 【绘画涂抹】滤镜

图 13-64 【胶片颗粒】滤镜

10.【木刻】

【木刻】滤镜可以利用版画和雕刻原理，将图像处理成由粗糙剪切彩纸组成的高对比度图像，产生剪纸、木刻的艺术效果，如图 13-65 所示。

- 【色阶数】文本框：用于设置图像中色彩的层次，该值越大，图像的色彩层次越丰富。
- 【边缘简化度】文本框：用于设置图像边缘的简化程度。
- 【边缘逼真度】文本框：用于设置产生痕迹的精确度，该值越小，图像痕迹越明显。

11.【霓虹灯光】

【霓虹灯光】滤镜可以根据前景色、背景色和指定的发光颜色，使图像产生霓虹灯般发光效果，并可以调整霓虹灯光的大小、亮度和发光的颜色，如图 13-66 所示。

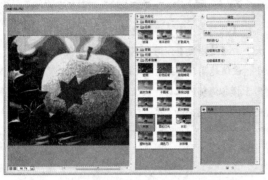

图 13-65　【木刻】滤镜　　　　　　　　图 13-66　【霓虹灯光】滤镜

12.【水彩】

【水彩】滤镜可以将图像的细节进行简化处理，使图像产生一种水彩画的艺术效果，如图 13-67 所示。

- ◉ 【画笔细节】文本框：用于设置画笔的精确程度，该值越高，画面越精细。
- ◉ 【阴影强度】文本框：用于设置暗调区域的范围，该值越高，暗调范围越广。
- ◉ 【纹理】文本框：用于设置图像边界的纹理效果，该值越高，纹理效果越明显。

13.【塑料包装】

【塑料包装】滤镜可以为图像表面增加一层强光效果，使图像产生质感很强的塑料包装的艺术效果，如图 13-68 所示。

图 13-67　【水彩】滤镜　　　　　　　　图 13-68　【塑料包装】滤镜

14.【调色刀】

【调色刀】滤镜可以减少图像的细节，以生成描绘得很淡的图像效果，类似用油画刮刀作画的风格，如图 13-69 所示。

15.【涂抹棒】

【涂抹棒】滤镜可以使图像产生一种涂抹、晕开的效果。它使用较短的对角线来涂抹图像的较暗区域，较亮的区域变得更明亮并丢失细节，如图 13-70 所示。

图 13-69　【调色刀】滤镜　　　　　　　图 13-70　【涂抹棒】滤镜

13.4　【风格化】滤镜组

风格化滤镜组通过转换像素或查找并增加图像的对比度，创建生成绘画或印象派的效果。该滤镜组中包含【查找边缘】、【等高线】、【风】、【浮雕效果】、【扩散】、【拼贴】、【曝光过度】、【凸出】和【照亮边缘】9 种滤镜效果。

1.【查找边缘】

【查找边缘】滤镜主要用于搜索颜色像素对比度变化强烈的边界，将高反差区变亮，低反差区变暗，其他区域则介于二者之间。强化边缘的过渡像素，产生类似彩笔勾画轮廓的素描图像效果，如图 13-71 所示。

2.【等高线】

【等高线】滤镜可以查找主要亮度区域的轮廓，将其边缘位置勾画出轮廓线，以此产生等高线效果，如图 13-72 所示。

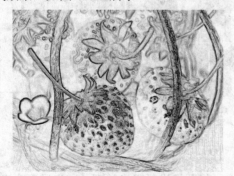

图 13-71　【查找边缘】滤镜　　　　　　图 13-72　【等高线】滤镜

3. 【风】

【风】滤镜通过在图像中添加一些小的方向线制作出起风的效果，如图 13-73 所示。

4. 【浮雕效果】

【浮雕效果】滤镜通过将选区内或整个图层的填充颜色转换为灰色，并用原填充色勾画边缘，使选区呈现凸出或下陷效果，如图 13-74 所示。

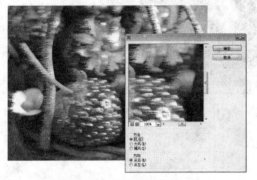

图 13-73 【风】滤镜

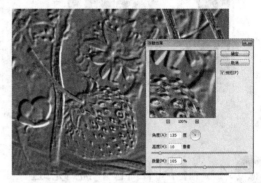

图 13-74 【浮雕效果】滤镜

5. 【扩散】

【扩散】滤镜可以使图像中相邻的像素按规定的方式有机移动，使图像扩散，形成一种类似于透过磨砂玻璃观看对象时的分离模糊效果，如图 13-75 所示。

6. 【拼贴】

【拼贴】滤镜可以根据设置的拼贴数，将图像分割成许多的小方块，通过最大位移的设置，让每个小方块之间产生一定的位移，如图 13-76 所示。

图 13-75 【扩散】滤镜

图 13-76 【拼贴】滤镜

7. 【曝光过度】

【曝光过度】滤镜将图像的正片和负片进行混合，将图像进行曝光处理，产生过度曝光的效果，如图 13-77 所示。

8.【凸出】

【凸出】滤镜可以将图像分成一系列大小相同且有机重叠放置的立方体或锥体，产生特殊的 3D 效果，如图 13-78 所示。

- ⊙ 【类型】：用于设置图像凸起的方式。
- ⊙ 【大小】：用于设置立方体或金字塔底面的大小，该值越高，生成的立方体或锥体效果越大。
- ⊙ 【深度】：用于设置凸出对象的高度，【随机】表示为每个块或金字塔设置一个任意的深度；【基于色阶】表示使每个对象的深度与其亮度对应，越亮凸出得越多。
- ⊙ 【立方体正面】：选中该复选框后，将失去图像整体轮廓，生成的立方体上只显示单一的颜色。
- ⊙ 【蒙版不完整块】：用于隐藏所有延伸出选区的对象。

图 13-77　【曝光过度】滤镜

图 13-78　【凸出】滤镜

知识点

【照亮边缘】滤镜有些类似于【查找边缘】滤镜，只不过它在查找边缘的同时，将边缘照亮，制作出类似霓虹灯管的效果，如图 13-79 所示。选择【滤镜】|【滤镜库】命令打开【滤镜库】对话框。在该对话框中选中【风格化】滤镜组可以选择【照亮边缘】滤镜。

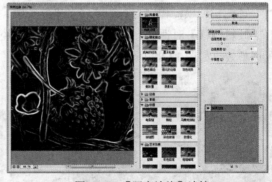

图 13-79　【照亮边缘】滤镜

计算机 基础与实训教材系列

13.5　【模糊】滤镜组

【模糊】滤镜组中的命令主要对图像进行模糊处理，用于平滑边缘过于清晰和对比度过于强烈的区域，通过削弱相邻像素之间的对比度，达到柔化图像的效果。【模糊】滤镜组也是设计中最常用的滤镜组之一，通常用于模糊图像背景，突出前景对象，或创建柔和的阴影效果。

1.【场景模糊】

用户使用【场景模糊】滤镜可以在图像中放置具有不同模糊程度的多个图钉，从而产生渐变模糊的效果。选择【滤镜】|【模糊】|【场景模糊】命令，打开【场景模糊】对话框。使用【场景模糊】的效果如图 13-80 所示。

知识点

【光源散景】：用于控制模糊中的高光量；【散景颜色】：用于控制散景的色彩，数值越高，散景颜色的饱和度越高；【光照范围】：用于控制散景出现处的光照范围。

图 13-80 　【场景模糊】滤镜

2.【光圈模糊】

使用【光圈模糊】滤镜可将一个或多个焦点添加到图像中。然后移动图像控件，以改变焦点的大小与形状、图像其余部分的模糊数量以及清晰区域与模糊区域之间的过渡效果。选择【滤镜】|【模糊】|【光圈模糊】命令，单击拖曳图像上的控制点可调整【光圈模糊】参数。【光圈模糊】设置效果如图 13-81 所示。

3.【倾斜偏移】

该滤镜使模糊程度与一个或多个平面一致。选择【滤镜】|【模糊】|【倾斜偏移】命令，打开【倾斜偏移】对话框，在其中调整图像中的控制点设置【倾斜偏移】参数。【倾斜偏移】设置调整效果如图 13-82 所示。

图 13-81 　【光圈模糊】滤镜　　　　图 13-82 　【倾斜偏移】滤镜

4.【表面模糊】

【表面模糊】滤镜可以在保留边缘的同时对图像进行模糊处理，如图 13-83 所示。

5.【动感模糊】

【动感模糊】滤镜可以对图像像素进行线性位移操作，从而产生沿某一方向运动的模糊效果，使静态图像产生动态效果，如图 13-84 所示。

图 13-83 【表面模糊】滤镜

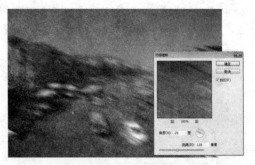
图 13-84 【动感模糊】滤镜

【例 13-6】使用【动感模糊】命令制作文字效果。

(1) 新建一个 700×400 像素，【分辨率】为 300 像素/英寸，【颜色模式】为 RGB 颜色，【背景内容】设置为白色的画布，如图 13-85 所示。

(2) 选择【滤镜】|【杂色】|【添加杂色】命令，为画布添加杂点，设置【数量】为 60%，并分别选中【平均分布】单选按钮和【单色】复选框，然后单击【确定】按钮，如图 13-86 所示。

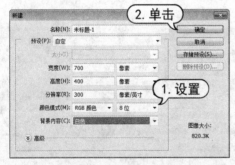
图 13-85 新建文档

图 13-86 添加杂色

(3) 选择【滤镜】|【模糊】|【动感模糊】命令，打开【动感模糊】对话框。在该对话框中设置【角度】为 0 度，【距离】为 1000 像素，然后单击【确定】按钮，如图 13-87 所示。

图 13-87 应用【动感模糊】滤镜

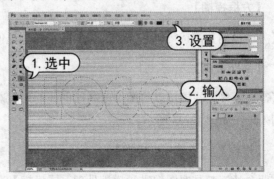
图 13-88 添加文字蒙版

(4) 选择【横排文字蒙版】工具，在画布中输入文字，设置字体为 Bauhaus 93，字体大小为 60 点，如图 13-88 所示。

(5) 按 Ctrl+J 键创建【图层 1】，并双击【图层 1】打开【图层样式】对话框。在该对话框中，选中【内阴影】样式，设置【距离】为 0 像素，如图 13-89 所示。

(6) 选中【投影】样式，设置【距离】为 6 像素，如图 13-90 所示。

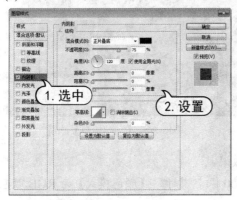

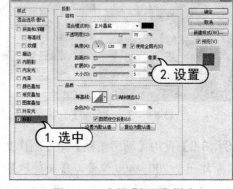

图 13-89　应用【内阴影】样式　　　　　图 13-90　应用【投影】样式

(7) 选中【描边】样式，设置【大小】为 2 像素，【颜色】为白色，然后单击【确定】按钮，如图 13-91 所示。

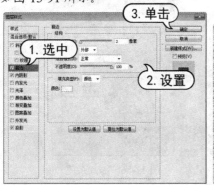

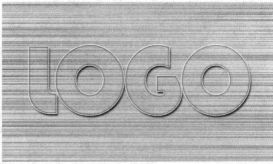

图 13-91　应用【描边】样式

6.【方框模糊】

【方框模糊】滤镜可以基于相邻像素的平均颜色值来模糊图像，如图 13-92 所示。

7.【高斯模糊】

【高斯模糊】滤镜可以将图像以高斯曲线的形式对图像进行选择性的模糊，从而产生浓厚的模糊效果，如图 13-93 所示。

8.【模糊】和【进一步模糊】

这两个滤镜都是对图像进行模糊处理。【模糊】滤镜利用相邻像素的平均值来代替相似的图像区域,从而达到柔化图像边缘的效果;【进一步模糊】滤镜比【模糊】滤镜效果更加明显。这两个滤镜都没有设置对话框,如果要加强图像的模糊效果,可以多次使用某个滤镜。

图 13-92　【方框模糊】滤镜

图 13-93　【高斯模糊】滤镜

9. 【径向模糊】

【径向模糊】滤镜可以模拟缩放或旋转的相机所产生的模糊效果,如图 13-94 所示。

- 【数量】文本框:用于调节模糊效果的强度,数值越大,模糊效果越强。
- 【中心模糊】预览框:用于设置模糊从哪一点开始向外扩散,在预览框中单击一点即可从该点开始向外扩散。
- 【模糊方法】选项栏:选中【旋转】单选按钮时,产生旋转模糊效果;选中【缩放】单选按钮时,产生放射模糊效果,该模糊的图像从模糊中心处开始放大。
- 【品质】选项栏:用于调节模糊质量,其中包括【草图】、【好】和【最好】3 个单选按钮。

10. 【镜头模糊】

【镜头模糊】滤镜可以模拟亮光在照相机镜头下所产生的折射效果,制作镜头景深模糊效果,如图 13-95 所示。

图 13-94　【径向模糊】滤镜

图 13-95　【镜头模糊】滤镜

11. 【平均】

【平均】滤镜可以将图层或选区中的颜色平均分布产生一种新颜色,然后用该颜色填充图像或选区以创建平滑外观。

12. 【特殊模糊】

【特殊模糊】滤镜可以对图像进行精细的模糊处理，它只对有微弱颜色变化的区域进行模糊，能够产生一种清晰边缘的模糊效果。它可以将图像中的褶皱模糊消除，或将重叠的边缘模糊消除，如图 13-96 所示。

13. 【形状模糊】

【形状模糊】滤镜可以根据预置的形状或自定义的形状对图像进行模糊处理，如图 13-97 所示。

图 13-96　【特殊模糊】滤镜　　　　　　　图 13-97　【形状模糊】滤镜

13.6 【扭曲】滤镜组

【扭曲】滤镜组可以将图像进行几何扭曲，以创建波浪、波纹、挤压以及切变等各种图像的变形效果。其中包括 12 种扭曲滤镜：【波浪】、【波纹】、【玻璃】、【海洋波纹】、【极坐标】、【挤压】、【扩散亮光】、【切变】、【球面化】、【水波】、【旋转扭曲】和【置换】。

1. 【波浪】

【波浪】滤镜可以根据用户设置的不同波长和波幅产生不同的波纹效果，如图 13-98 所示。选择【滤镜】|【扭曲】|【波浪】命令，打开【波浪】对话框。

- 【生成器数】文本框：用于设置产生波浪的波源数目。
- 【波长】文本框：用于控制波峰间距。有【最小】和【最大】两个参数，分别表示最短波长和最长波长，最短波长值不能超过最长波长值。
- 【波幅】文本框：用于设置波动幅度，有【最小】和【最大】两个参数，分别表示最小波幅和最大波幅，最小波幅不能超过最大波幅。
- 【比例】文本框：用于调整水平和垂直方向的波动幅度。
- 【类型】选项栏：用于设置波动类型，其中有【正弦】、【三角形】和【方形】3 种类型。
- 【随机化】按钮：单击该按钮，可以随机改变图像的波动效果。

2. 【波纹】

【波纹】滤镜与【波浪】滤镜的工作方式相同，但提供的选项较少，只能控制波纹的数量和波纹大小，如图 13-99 所示。

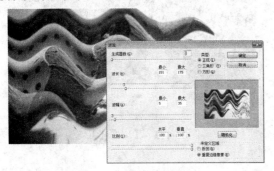

图 13-98　【波浪】滤镜

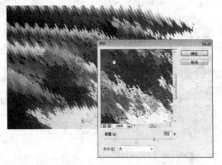

图 13-99　【波纹】滤镜

3. 【极坐标】

该滤镜可以将图像从平面坐标转换为极坐标，或将图像从极坐标转换为平面坐标以生成扭曲图像的效果，如图 13-100 所示。

4. 【挤压】

【挤压】滤镜可以将整个图像或选区内的图像向内或向外挤压。其对话框中的【数量】文本框用于调整挤压程度，取值范围为-100%~100%，取正值时图像向内收缩，取负值时图像向外膨胀，如图 13-101 所示。

图 13-100　【极坐标】滤镜

图 13-101　【挤压】滤镜

5. 【切变】

【切变】滤镜是比较灵活的滤镜，用户可以按照自己设定的曲线来扭曲图像，如图 13-102 所示。

6. 【球面化】

【球面化】滤镜通过将选区折成球形，扭曲图像以及伸展图像以适合选中的曲线，使图像产生 3D 效果，如图 13-103 所示。

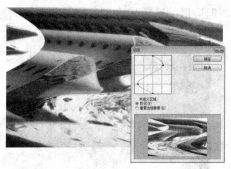

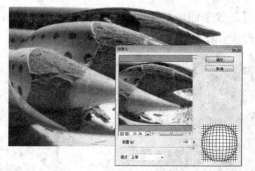

图 13-102　【切变】滤镜　　　　　　　　　图 13-103　【球面化】滤镜

7.【水波】

该滤镜可以制作出类似涟漪的图像变形效果，多用来制作水波纹效果，如图 13-104 所示。

8.【旋转扭曲】

该滤镜使图像产生一种中心位置比边缘位置扭曲更强烈的效果。当设置【角度】为正值时，图像以顺时针旋转；当设置【角度】为负值时，图像沿逆时针旋转，如图 13-105 所示。

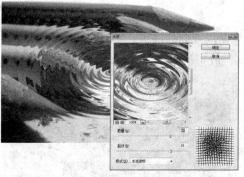

图 13-104　【水波】滤镜　　　　　　　　　图 13-105　【旋转扭曲】滤镜

9.【置换】

该滤镜可以指定一个图像，并使用该图像的颜色、形状和纹理等来确定当前图像中的扭曲方式，最终使两幅图像交错组合在一起，产生位移扭曲效果。这里的另一幅图像被称为置换图，而且置换图的格式必须是 psd 格式。

【例 13-7】使用【置换】滤镜制作图像效果。

(1) 在 Photoshop 中，选择【文件】|【新建】命令，打开【新建】对话框。在该对话框中，设置【宽度】为 800 像素，【高度】为 600 像素，【分辨率】为 150 像素/英寸，然后单击【确定】按钮，如图 13-106 所示。

(2) 选择【滤镜】|【渲染】|【云彩】命令。选择【滤镜】|【滤镜库】命令，打开【滤镜库】对话框。在该对话框中，选中【艺术效果】滤镜组中的【调色刀】滤镜。设置【描边大小】为 30，【描边细节】为 3，【软化度】为 0，如图 13-107 所示。

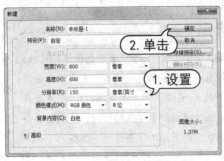

图 13-106　新建文档

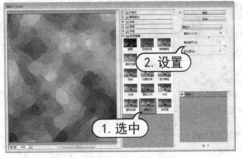

图 13-107　应用滤镜

(3) 单击【新建效果图层】按钮，选中【艺术效果】滤镜组中的【海报边缘】滤镜，设置【边缘厚度】为 2，【边缘强度】为 1，【海报化】为 2，如图 13-108 所示。

(4) 单击【新建效果图层】按钮，选中【扭曲】滤镜组中的【海洋波纹】滤镜，设置【波纹大小】为 5，【波纹幅度】为 12，然后单击【确定】按钮，如图 13-109 所示。

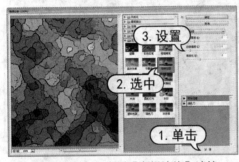

图 13-108　应用【海报边缘】滤镜

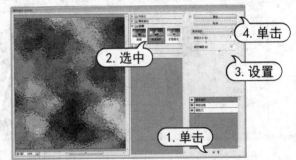

图 13-109　应用【海洋波纹】滤镜

(5) 选择【文件】|【存储为】命令，打开【另存为】对话框。在该对话框中输入【文件名】为 "置换"，【保存类型】为 PSD 格式，然后单击【保存】按钮，如图 13-110 所示。

(6) 选择【文件】|【打开】命令，打开一幅素材图像，并按 Ctrl+J 键复制【背景】图层，如图 13-111 所示。

图 13-110　存储文档

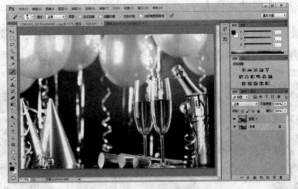

图 13-111　打开图像

(7) 选择【滤镜】|【扭曲】|【置换】命令，打开【置换】对话框。在该对话框中，设置【水平比例】和【垂直比例】均为 20，并选中【拼贴】和【折回】复选框，然后单击【确定】按钮，如图 13-112 所示。

计算机 基础与实训教材系列

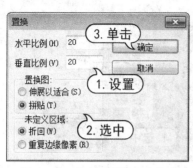

图 13-112　应用【置换】滤镜

知识点

　　【置换图】选项：用于设置置换图像的属性。选中【伸展以适合】单选按钮时，置换图像会覆盖原图并放大(置换图像小于原图时)，以适合原图大小；选中【拼贴】单选按钮时，置换图像会直接叠放在原图上，不作任何大小调整。

　　(8) 在打开的【选取一个置换图】对话框中，选中"置换"图像文档，并单击【打开】按钮。在【图层】面板中，设置【图层 1】图层混合模式为【正片叠底】，如图 13-113 所示。

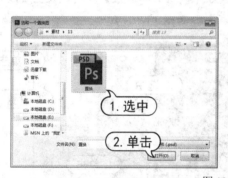

图 13-113　设置混合模式

10.【玻璃】

　　【玻璃】滤镜可以制作细小的纹理，使图像看起来像是透过不同类型的玻璃观察的效果，如图 13-114 所示。

11.【海洋波纹】

　　【海洋波纹】滤镜可以将随机分隔的波纹添加到图像表面，它产生的波纹细小，边缘有较多抖动，使图像画面看起来像是在水下面，如图 13-115 所示。

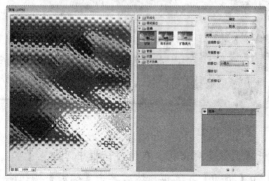

图 13-114　【玻璃】滤镜

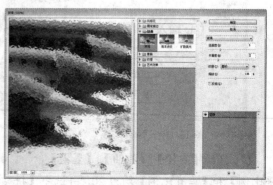

图 13-115　【海洋波纹】滤镜

12. 【扩散亮光】

【扩散亮光】滤镜可以在图像中添加白色杂色,并从图像中心向外渐隐亮光,使其产生一种光芒漫射的效果,如图 13-116 所示。

图 13-116 【扩散亮光】滤镜

> **提示**
>
> 选择【滤镜】|【滤镜库】命令打开【滤镜库】对话框。在该对话框中的【扭曲】滤镜组可以选择【玻璃】、【海洋波纹】和【扩散亮光】滤镜。

13.7 【锐化】滤镜组

【锐化】滤镜组可以加强图像的对比度,使图像变得更加清晰。其中共包括 5 种锐化命令:【USM 锐化】、【进一步锐化】、【锐化】、【锐化边缘】和【智能锐化】。

1. 【USM 锐化】

【USM 锐化】滤镜可以查找图像中颜色发生显著变化的区域并将其锐化。对于专业的色彩校正,可以使用该滤镜调整边缘细节的对比度,如图 13-117 所示。

图 13-117 【USM 锐化】滤镜

> **知识点**
>
> 【数量】文本框:用来设置锐化效果的强度。该值越高,锐化效果越明显。【半径】文本框:用来设置锐化的范围。【阈值】文本框:只有相邻像素间的差值达到该值所设定的范围时才会被锐化,该值越高,被锐化的像素越少。

2. 【进一步锐化】和【锐化】

【锐化】滤镜可以对图像进行锐化处理,但锐化的效果并不是很大;而【进一步锐化】比【锐化】效果更加强烈,一般是锐化的 3~4 倍。

3. 【锐化边缘】

【锐化边缘】滤镜仅锐化图像的边缘轮廓,使不同颜色的分界更为明显,从而得到较清晰的图像效果，而且不会影响到图像的细节。

4.【智能锐化】

【智能锐化】滤镜具有【USM 锐化】滤镜所没有的锐化控制功能。使用该滤镜可以设置锐化算法，或控制在阴影和高光区域中进行的锐化量。在进行操作时，可将文档窗口缩放到100%，以便精确地查看锐化效果，如图 13-118 所示。

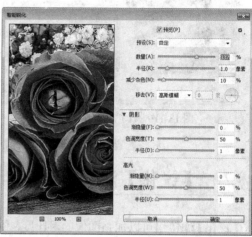

图 13-118 【智能锐化】滤镜

13.8 【像素化】滤镜组

【像素化】滤镜组主要通过单元格中颜色值相近的像素结成许多小块来清晰地定义一个选区，创建彩块、点状、晶格和马赛克等特殊效果。其中共包括 7 种滤镜：【彩块化】、【彩色半调】、【点状化】、【晶格化】、【马赛克】、【碎片】和【铜板雕刻】。

1.【彩块化】

该滤镜可以将图像中的纯色或颜色相近的像素集结起来形成彩色色块，从而生成彩块化效果。该滤镜没有任何参数设置，如果效果不明显，可以重复多次操作。

2.【彩色半调】

【彩色半调】滤镜可以使图像变为网点状效果。它先将图像的每一个通道划分出矩形区域，再以和矩形区域亮度成比例的圆形替代这些矩形，圆形的大小与矩形的亮度成比例，高光部分生成的网点较小，阴影部分生成的网点较大，如图 13-119 所示。

3.【点状化】

【点状化】滤镜可以将图像中的颜色分散为随机分布的网点，如同点状绘画效果，背景色将作为网点之间的画布区域，如图 13-120 所示。

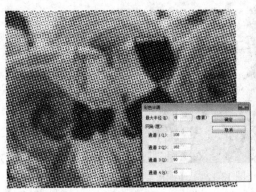

图 13-119 【彩色半调】滤镜

图 13-120 【点状化】滤镜

4.【晶格化】

【晶格化】滤镜可以使图像中相近的像素集中到多边形色块中，产生类似结晶的颗粒效果，如图 13-121 所示。

5.【马赛克】

【马赛克】滤镜可以使像素结为方形块，然后为块中的像素应用平均的颜色，创建出马赛克效果，如图 13-122 所示。

图 13-121 【晶格化】滤镜

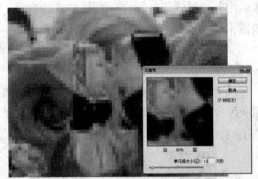

图 13-122 【马赛克】滤镜

6.【碎片】

【碎片】滤镜可以把图像的像素进行 4 次复制，再将它们平均，并使其相互偏移，使图像产生一种没有对准焦距的模糊画面效果，如图 13-123 所示。

7.【铜版雕刻】

【铜版雕刻】滤镜可以在图像中随机生成各种不规则的直线、曲线和斑点，使图像产生金属板效果，如图 13-124 所示。

图 13-123　【碎片】滤镜　　　　　　　　图 13-124　【铜板雕刻】滤镜

13.9　【渲染】滤镜组

　　【渲染】滤镜组能够在图像中模拟光线照明、云雾状及各种表面材质的效果。共包括 5 种滤镜：【分层云彩】、【光照效果】、【镜头光晕】、【纤维】和【云彩】。

1.【分层云彩】

　　【分层云彩】滤镜可以根据前景色和背景色的混合生成云彩图像，并将生成的云彩与原图像运用差值模式进行混合，如图 13-125 所示。该滤镜没有任何参数设置。可以通过多次执行该滤镜来创建不同的分层云彩效果。

2.【光照效果】

　　【光照效果】滤镜功能相当强大，不仅可以在 RGB 图像上产生多种光照效果，也可以使用灰度文件的凹凸纹理图产生类似 3D 的效果，并可存储为自定样式以在其他图像中使用，如图 13-126 所示。

图 13-125　【分层云彩】滤镜　　　　　　图 13-126　应用【光照效果】滤镜

3.【镜头光晕】

　　【镜头光晕】滤镜能产生类似强光照射在镜头上所产生的光照效果，还可以人工调节光照的位置、强度和范围等，如图 13-127 所示。

图 13-127　【镜头光晕】滤镜

4.【纤维】

　　【纤维】滤镜可以根据当前的前景色和背景色来生成类似纤维的纹理效果，如图 13-128 所示。

5.【云彩】

　　【云彩】滤镜可以在图像的前景色和背景色之间随机抽取像素，再将图像转换为柔和的云彩效果，该滤镜无参数设置对话框，常用于创建图像的云彩效果，如图 13-129 所示。

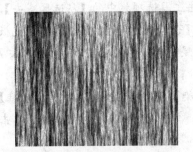

图 13-128　【纤维】滤镜

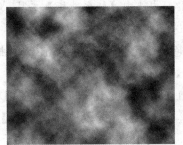

图 13-129　【云彩】滤镜

　　【例 13-8】使用【渲染】滤镜制作图像效果。

　　(1) 在 Photoshop 应用程序中，选择【文件】|【打开】命令，打开一幅图像文件，并按 Ctrl+J 键复制背景图层，如图 13-130 所示。

图 13-130　打开图像文件

图 13-131　【镜头光晕】对话框

（2）选择【滤镜】|【渲染】|【镜头光晕】命令，打开【镜头光晕】对话框。在该对话框选中【50-300 毫米变焦】单选按钮，在预览图中单击设置光源起始点，设置【亮度】为 85%，单击【确定】按钮应用【镜头光晕】滤镜，如图 13-131 所示。

（3）双击【图层 1】图层打开【图层样式】对话框。在该对话框中选中【内阴影】样式，设置【距离】为 0 像素，【大小】为 59 像素，然后单击【确定】按钮应用设置，如图 13-132 所示。

（4）选择【图像】|【画布大小】命令打开【画布大小】对话框。在该对话框中，选中【相对】复选框，设置【宽度】和【高度】均为 4 厘米，然后单击【确定】按钮，如图 13-132 所示。

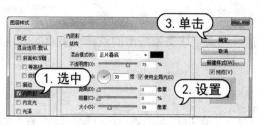

图 13-132　应用【内阴影】样式

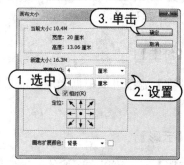

图 13-133　调整画布大小

（5）在工具箱中选中【矩形选框】工具，并单击工具选项栏中的【从选区减去】按钮，然后使用【矩形选框】工具在图像中创建选区。单击【创建新图层】按钮，单击【色板】面板中的"淡冷褐"色板设置前景色，按 Ctrl 键单击"深黑暖褐"色板设置背景色，并按 Alt+Delete 键填充选区，如图 13-134 所示。

（6）按 Ctrl+D 键取消选区，选择【滤镜】|【渲染】|【纤维】命令，打开【纤维】对话框。在该对话框中，设置【差异】为 16，【强度】为 4，单击【随机化】按钮，然后单击【确定】按钮应用滤镜，如图 13-135 所示。

图 13-134　创建填充选区

图 13-135　应用【纤维】滤镜

（7）双击【图层 2】图层，打开【图层样式】对话框。在该对话框中选中【斜面和浮雕】样式，设置【方法】为【雕刻清晰】、【深度】为 195%、【大小】为 20 像素，然后单击【确定】按钮应用，如图 13-136 所示。

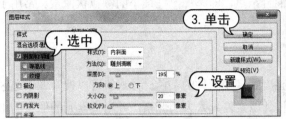

图 13-136　应用【斜面和浮雕】样式

13.10　【杂色】滤镜组

【杂色】滤镜组主要是为图像增加或删除随机分布色阶的像素，在图像中添加或减少杂色，以增加图像的纹理或减少图像的杂色效果。共包括 5 种滤镜：【减少杂色】、【蒙尘与划痕】、【去斑】、【添加杂色】和【中间值】。

1．【减少杂色】

【减少杂色】滤镜可基于影像整个图像或各个通道的用户设置保留边缘，同时减少杂色，如图 13-137 所示。在【减少杂色】对话框中，选中【高级】单选按钮可显示更多选项。单击【每通道】标签即可显示该面板，用户可以在面板中分别对不同的通道进行减少杂色参数的设置。

2．【蒙尘与划痕】

【蒙尘与划痕】滤镜主要是通过将图像中有缺陷的像素融入到周围的像素中，达到除尘和涂抹的目的，常用于对扫描、拍摄图像中的蒙尘和划痕进行处理，如图 13-138 所示。

图 13-137　【减少】杂色

图 13-138　【蒙尘与划痕】滤镜

3．【去斑】

【去斑】滤镜可以检测图像边缘发生显著颜色变化的区域，并模糊边缘外的所有选区，消除图像中的斑点，同时保留画面细节。对于扫描的图像，可以使用该滤镜进行去网处理。

4.【添加杂色】

【添加杂色】滤镜可以向图像随机添加混合杂点，即添加一些细小的颗粒状像素。常用于添加杂点纹理效果，如图 13-139 所示。

5.【中间值】

【中间值】滤镜通过混合选区中像素的亮度来减少图像的杂色。该滤镜可以搜索像素选区的半径范围以查找亮度相近的像素，去除与相邻像素差异太大的像素，并用搜索到的像素的中间亮度值替换中心像素，在消除或减少图像的动感效果时非常有用，如图 13-140 所示。

图 13-139 【添加杂色】　　　　　　　　图 13-140 【中间值】滤镜

13.11 上机练习

本章的上机练习通过制作图像画面效果，使用户更好地掌握本章所介绍的滤镜基本操作方法和技巧。

(1) 选择【文件】|【打开】命令打开一幅图像文件，并按 Ctrl+J 键复制【背景】图层，如图 13-141 所示。

(2) 在【图层】面板中，右击【图层 1】图层，在弹出的菜单中选择【转换为智能对象】命令。选择【滤镜】|【滤镜库】命令，打开【滤镜库】对话框。在该对话框中，选中【画笔描边】滤镜组中的【喷溅】滤镜，设置【喷色半径】为 15，【平滑度】为 15，如图 13-142 所示。

图 13-141 打开图像文件　　　　　　　　图 13-142 应用【喷溅】滤镜

(3) 在【滤镜库】对话框中，单击【新建效果图层】按钮。选择【艺术效果】滤镜组中的【绘画涂抹】滤镜，设置【画笔大小】为 3、【锐化程度】为 1、【画笔类型】为【简单】，如图 13-143 所示。

(4) 在【滤镜库】对话框中，单击【新建效果图层】按钮。选择【纹理】滤镜组中的【纹理】滤镜，设置【纹理】为【画布】、【缩放】为 200%、【凸现】为 5，然后单击【确定】按钮，如图 13-144 所示。

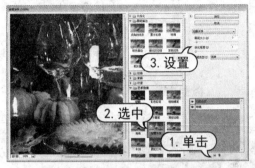

图 13-143　应用【绘画涂抹】滤镜

图 13-144　应用【纹理】滤镜

(5) 选择【横排文字】工具，在选项栏中设置字体系列为 Broadway，字体大小为 160 点，然后在图像中输入文字内容，如图 13-145 所示。

(6) 选择【直线】工具，在选项栏中设置【填充】颜色为【无】，在【设置形状描边类型】下拉面板中选择虚线样式，设置【粗细】为 3 像素，然后在图像中拖动斜线。在选项栏【路径操作】下拉列表中选择【合并形状】选项，然后在图像中拖动斜线，如图 13-146 所示。

图 13-145　输入文字

图 13-146　绘制直线

(7) 选择【移动】工具调整文字位置，并按 Ctrl+E 键合并图层，如图 13-147 所示。

(8) 选择【滤镜】|【风格化】|【浮雕效果】命令，打开【浮雕效果】对话框。在该对话框中设置【角度】为 135 度，【高度】为 6 像素，【数量】为 100%，然后单击【确定】按钮，如图 13-148 所示。

(9) 在【图层】面板中【锁定透明像素】按钮，选择【滤镜】|【模糊】|【高斯模糊】命令，打开【高斯模糊】对话框。在该对话框中，设置【半径】为 0.8 像素，然后单击【确定】按钮，如图 13-149 所示。

(10) 在【图层】面板中，设置【图层3】图层混合模式为【强光】，如图 13-150 所示。

图 13-147　调整图像

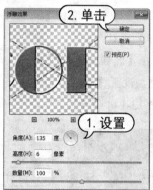

图 13-148　应用【浮雕效果】滤镜

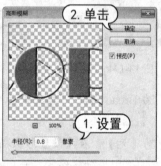

图 13-149　应用【高斯模糊】滤镜

图 13-150　设置图层

⑬.12　习题

1. 打开图像文件，使用【纹理】|【颗粒】滤镜添加颗粒效果，如图 13-151 所示。
2. 打开图像文件，制作如图 13-152 所示的图像效果。

图 13-151　图像效果

图 13-152　图像效果